上海市地方标准化指导性技术文件

特大排水管渠结构检测评估技术规程

Technical specification for detection and assessment of extra
large sewers & channels structure

DB31 SW/Z 025—2022

主编单位:上海市排水管理事务中心
　　　　　上海勘察设计研究院(集团)有限公司
批准部门:上海市水务局
施行日期:2022 年 8 月 15 日

同济大学出版社

2022　上海

图书在版编目(CIP)数据

特大排水管渠结构检测评估技术规程 / 上海市排水
管理事务中心,上海勘察设计研究院(集团)有限公司主
编. --上海:同济大学出版社,2022.12
　ISBN 978 - 7 - 5765 - 0587 - 0

　Ⅰ. ①特… Ⅱ. ①上… ②上… Ⅲ. ①市政工程-排
水管道-检测-技术规范 Ⅳ. ①TU992.4 - 65

中国国家版本馆 CIP 数据核字(2023)第 000181 号

特大排水管渠结构检测评估技术规程

　上海市排水管理事务中心
　上海勘察设计研究院(集团)有限公司　　主编

责任编辑　朱　勇
责任校对　徐春莲
封面设计　陈益平

出版发行　同济大学出版社　　www. tongjipress. com. cn
　　　　　(地址:上海市四平路 1239 号　邮编:200092　电话:021 - 65985622)
经　　销　全国各地新华书店
印　　刷　苏州市古得堡数码印刷有限公司
开　　本　889mm×1194mm　1/32
印　　张　3.375
字　　数　91 000
版　　次　2022 年 12 月第 1 版
版　　次　2022 年 12 月第 1 次印刷
书　　号　ISBN 978-7-5765-0587-0
定　　价　40.00 元

上海市水务局文件

沪水务〔2022〕616号

上海市水务局关于印发《特大排水管渠结构 检测评估技术规程》的通知

各有关单位：

经 2022 年 8 月 2 日局长办公会议审议通过,《特大排水管渠结构检测评估技术规程》批准为上海市地方标准化指导性技术文件,统一编号为 DB31 SW/Z 025—2022,自发布之日起施行。

特此通知。

上海市水务局

二〇二二年八月十五日

前　言

为加强上海市特大排水管渠健康管理,提高特大排水管渠结构检测评估作业水平,规范检测程序和方法,有效防范特大排水管渠安全隐患,提高排水系统运行效能,保障城市安全稳定运行,上海市排水管理事务中心、上海勘察设计研究院(集团)有限公司会同有关单位编制了《特大排水管渠结构检测评估技术规程》。

在编制过程中,编制组调查总结了近年来特大排水管渠结构检测评估相关研究成果与工程实践经验,参考了国家、行业有关标准规程,并在广泛征求相关单位和专家意见的基础上编制了本规程。本规程对提升特大排水管渠维护管理水平具有重要意义。

本规程为上海市地方标准化指导性技术文件,共分 9 章和5 个附录。内容包括:总则;术语和符号;基本规定;环境现状调查;结构性能检测;结构变形监测;结构安全评估;检测与评估报告;信息管理;附录 A～E。

在本规程执行过程中,请各单位结合工程实践,认真总结经验,如有意见或建议,请与上海勘察设计研究院(集团)有限公司联系(地址:上海市水丰路 38 号;邮编:200093;E-mail:sgidi@sgidi.com),以供今后修订时参考。

<table>
<tr><td>主 编 单 位:</td><td>上海市排水管理事务中心</td></tr>
<tr><td></td><td>上海勘察设计研究院(集团)有限公司</td></tr>
<tr><td>参 编 单 位:</td><td>(排名不分先后)</td></tr>
<tr><td></td><td>上海市城市排水有限公司</td></tr>
<tr><td></td><td>上海城市水资源开发利用国家工程中心有限公司</td></tr>
<tr><td></td><td>上海市政工程设计研究总院(集团)有限公司</td></tr>
<tr><td></td><td>上海新地海洋工程技术有限公司</td></tr>
<tr><td></td><td>上海隧道工程质量检测有限公司</td></tr>
</table>

主要起草人: 庄敏捷　黄永进　谢永健　胡　绕　李　宁
　　　　　　肖　震　邹丽敏　鲍月全　徐　震　陈　忱
　　　　　　王国强　褚伟洪　陈　刚　张　红　周新宇
　　　　　　刘　伍　许　杰　王水强　朱黎明　徐春蕾
　　　　　　王　颖　吴　锋　丛禹霖　成　龙　彭艾鑫
主要审查人: 唐建国　赵国志　鞠春芳　赵永辉　李春鞠
　　　　　　朱　军　孙跃平　张　洁　林永亮

目 次

1 总　则

1.0.1 为规范上海地区特大排水管渠结构检测评估的技术要求,保证检测评估成果质量,有效防范排水管渠安全隐患,提高维护管理水平,制定本规程。

1.0.2 本规程适用于上海地区特大排水管渠及附属设施的环境现状调查、结构性能检测、结构变形监测、结构安全评估以及信息管理。

1.0.3 特大排水管渠的结构检测评估工作应根据检测评估目的、现场条件,选用合适的结构检测评估方法与技术,结合相关资料综合分析,并应重视检测评估结果的验证和效果的回访。

1.0.4 特大排水管渠的结构检测评估除应符合本规程外,尚应符合国家、行业和上海市现行有关标准的规定。

2 术语和符号

2.1 术 语

2.1.1 特大排水管渠 extra large sewers & channels

内径大于 1.5 m 或截面积大于 1.766 m² 的排水管渠。

2.1.2 结构检测 detection of structure

为排水管渠结构安全评估需要,采用物探、测量、监测、试验、化学分析等方法或手段,检测排水管渠结构相关的物理力学、化学、尺寸、变形等技术性能指标。

2.1.3 环境风险评估 assessment of environmental risk

在管渠环境现状调查的基础上,对可能造成管渠结构风险的指标因子进行逐一分析和综合评价,判定环境风险等级,提出预防措施或者减轻不良环境影响的处置建议。

2.1.4 结构安全评估 assessment of structure safe

根据排水管渠结构检测成果,结合必要的结构分析计算,依据排水管渠建设期间施行的标准要求,结合现行标准对排水管渠进行安全性能评估的过程。

2.1.5 定期结构检测评估 periodic detection and assessment of structure

根据管渠管龄等情况,周期性实施对管渠现状的结构检测评估活动。

2.1.6 专项结构检测评估 special detection and assessment of structure

根据管渠结构应急抢险、修缮加固、提标改造以及相邻工程施工影响等特定情况,由排水管理单位和设计单位提出需求,针对特定管段开展的单项检测评估活动。

2.1.7　材料耐久性 material durability

材料在使用过程中,抵抗各种自然因素及其他有害物质长期作用,能长久保持其原有性质的能力。

2.1.8　探地雷达法 ground penetrating radar method

通过研究高频电磁波在介质中的传播速度、介质对电磁波的吸收以及电磁波在介质分界面的反射、透射等,探测地下目的体、检测混凝土中钢筋及保护层厚度等的一种电磁波法。

2.1.9　高密度电阻率法 multi-electrode resistivity method

通过电极阵列技术同时实现电测深和电剖面测量,获得二维或三维的视电阻率分布,进而研究解决相关地质问题的一种直流电勘探方法。

2.1.10　瞬态面波法 surface wave exploration

利用人工震源激发产生的弹性波在介质中传播,通过分析所接收记录的瑞雷面波的频散特性,解决有关地质问题的方法。

2.1.11　微动法 microtremor exploration

借助专门仪器设备观测天然微动信号,通过分析、处理和提取面波的频散信息,反演获得地下横波速度变化规律,进而探查地质结构的方法。

2.1.12　示踪法 trace method

通过将电磁场发射探头放入管渠内部,并采用电磁感应设备在地面接收探头发射的电磁场从而实现对管渠位置快速定位的物探方法。

2.1.13　漂流浮筏 drift floating raft

搭载检测设备,依靠管渠内部水流动力(或牵引)作用前进的浮筏。

2.1.14　动力浮筏 dynamic floating raft

搭载检测设备,依靠自带的动力设施可在管渠内部顺流和逆流前进的浮筏。

2.1.15 阵列式超声波法 array ultrasonic method

采用带波形、剖面显示的低频超声波检测模块与多个声波换能器组成的阵列式超声波仪器,测量混凝土的声速、波幅和主频等声学参数,对介质特征和内部结构与缺陷进行检测的方法。

2.1.16 冲击回波法 impact echo method

通过冲击方式产生瞬态冲击弹性波并接收冲击弹性波信号,结合分析冲击弹性波及其回波的波速、波形和主频频率等参数的变化,判断混凝土结构的厚度或内部缺陷的方法。

2.1.17 电磁感应法 electromagnetic test method

用电磁感应原理检测混凝土中钢筋间距、混凝土保护层厚度的方法。

2.1.18 直接法 direct method

直接测量构件尺寸和钢筋的间距、直径、力学性能、锈蚀性状以及混凝土中钢筋保护层厚度的方法。

2.2 符 号

2.2.1 探地雷达法使用的符号应符合下列规定:

λ——雷达波波长;

h——目标体埋深;

r_{f}——第一菲涅尔带半径;

c——电磁波在真空中的传播速度;

ε_{r}——相对介电常数;

t——雷达反射波的旅行时间;

x——水平距离;

d——目标体深度。

2.2.2 井中磁梯度法使用的符号应符合下列规定:

Z_{a}——磁场垂直分量;

H_{a}——磁场水平分量;

ΔT——磁场强度。

2.2.3 井间电阻率层析成像法使用的符号应符合下列规定：

I——供电电流强度；

ρ_s——视电阻率；

η_s——视极化率；

n——观测点数。

2.2.4 高密度电阻率法使用的符号应符合下列规定：

I——供电电流强度；

ρ_s——视电阻率；

H——探测对象埋深；

n——观测点数；

ΔU——观测电位差。

2.2.5 地震映像法使用的符号应符合下列规定：

f——频率；

V_P——纵波波速；

V_S——横波波速；

H——探测深度。

2.2.6 冲击回波法使用的符号应符合下列规定：

f——振幅谱图中构件厚度对应的主频；

f_c——根据无缺陷构件厚度计算对应的频域曲线主频；

Δf——频率采样间隔；

H——混凝土结构构件的实际厚度；

L——两个接收传感器间的直线距离；

T——混凝土结构构件的厚度计算值；

Δt——两个接收装置所接收到信号的时间差。

2.2.7 环境风险评价使用的符号应符合下列规定：

R_E——环境风险因素综合评价指数；

μ_{Ei}——环境风险指标因子隶属度；

W_{Ei}——环境风险指标因子权重值。

2.2.8 结构表观缺陷评估使用的符号应符合下列规定：

R_F——结构表观缺陷参数；

S_F——损坏状况系数；

W_{Fi}——第 i 处缺陷权重。

2.2.9 结构承载力评估使用的符号应符合下列规定：

R——管渠的抗力强度设计值；

S——作用效应组合的设计值；

γ_0——结构重要性系数。

3 基本规定

3.0.1 特大排水管渠结构检测评估内容宜包括环境现状调查、结构性能检测、结构变形监测以及结构安全评估等内容。

3.0.2 特大排水管渠应开展定期结构检测评估，频次宜符合下列规定：

 1 首次结构检测评估宜在竣工验收后 10 年内进行，以后每隔 5 年～10 年进行一次；管龄超过 30 年的管渠，相邻两次检测评估间隔不宜超过 5 年。

 2 后续检测频次应依据上次管渠安全评估的等级确定，安全性越低则频次宜越高。

3.0.3 当特大排水管渠发生下列情况时，宜进行专项结构检测评估：

 1 管渠周边地面发生严重变形、塌陷事故以及冒水，或发现管渠局部有严重损坏时。

 2 管渠保护范围内拟进行打桩、穿越、基坑开挖以及堆载等施工活动前。

 3 结构进行修缮加固或改造前。

 4 排水管渠达到设计使用年限需继续使用，或排水管渠的土体应力或排水条件等外界条件较设计条件发生较大变化，或改变排水管渠的使用功能。

 5 其他专项工作规定必须进行检测的情况。

3.0.4 特大排水管渠的检测评估应根据检测任务、目的及解决问题的重点，结合周边环境与场地条件，有针对性地选择检测方法，检测评估流程宜按图 3.0.4 执行。

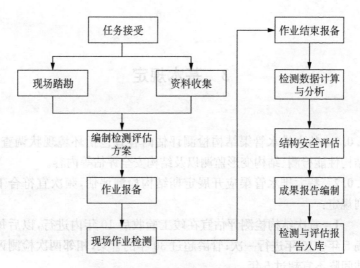

图 3.0.4 结构检测评估工作流程图

3.0.5 特大排水管渠结构检测评估的测量工作应采用上海2000 坐标系统和吴淞高程系统,并满足现行行业标准《城市测量规范》CJJ/T 8 的相关要求。

3.0.6 特大排水管渠检测、监测、评估断面或区间端点位置,既可按里程定位,也可按坐标定位。

3.0.7 特大排水管渠受检位置应按下列规定赋予唯一的编号:

1 单一检测断面编号以泵站/工作井/检查井为起点,从上游往下游编排,编号由管渠名称＋泵站/工作井/检查井编号＋里程组成。

2 检测、监测、评估区间编号宜由区间起点断面和终点断面的编号组成。

3.0.8 排水管渠检测与评估应分单元(干管)、子单元(分段或分部位)共2级进行,并符合下列规定:

1 应按照干管、支管级别单独划分为不同的检测与评估单元。检测与评估单元最大长度不宜超过1 000 m。

2 可按管渠运行工况、结构形式、环境、长度为主要因素,以检查井分布为次要因素,将检测与评估单元划分为若干个子单元。子单元宜以变形缝或沉降缝为分隔界线,长度不宜超过50 m。

3.0.9 检测仪器设备应性能稳定、状态良好,并应定期维护、保养和检定。

3.0.10 特大排水管渠结构检测与评估应确保生产作业安全,现场作业应符合现行行业标准《城镇排水管道维护安全技术规程》CJJ 6 和《城镇排水管渠与泵站运行、维护及安全技术规程》CJJ 68 的相关规定,并应满足国家相关安全、文明施工和环保的要求。

3.0.11 宜优先采用无损方法进行结构检测。当采用微破损或破损方法检测时,应在检测完成后对破损处进行修复或防护,修复或防护质量应满足原设计技术要求。

3.0.12 特大排水管渠结构检测评估的原始记录应完整齐全、数据真实、整理归档,电子记录应进行备份。

3.0.13 特大排水管渠结构检测评估工作完成后应编制成果报告。

3.0.14 特大排水管渠的日常巡查、结构检测评估宜采用信息化管理。

4 环境现状调查

4.1 一般规定

4.1.1 环境现状调查应查明管渠及附属设施的敷设状态及周边影响范围内的建(构)筑物、市政设施、地面交通等环境状况,并对调查区段进行环境风险评估。

4.1.2 环境现状调查应结合常规巡查定期开展,如遇管渠周边存在基坑施工、打桩施工等特殊情况时,应加密调查频次。

4.1.3 定期结构检测评估阶段的环境调查应遵循资料调绘、现场调查、管渠环境病害调查的基本流程。对于专项结构检测评估,还应进行拟评估区域的管渠位置探查。

4.1.4 环境现状调查范围不应小于管渠结构外边线向外各20 m;如周边存在基坑施工,则不应小于4倍基坑开挖深度和20 m当中的较大值;对桩基工程,不应小于3倍桩入土深度和20 m当中的较大值。

4.1.5 对于长距离管渠位置探查,直线段定位断面间距不宜大于150 m,拐弯段应在拐点两侧各布置两条断面,圆弧段断面间距应能反映圆弧段实际分布,且不宜大于10 m。

4.1.6 特大排水管渠结构边界、接口位置和渗漏位置的探查精度应满足下列要求:

    1 平面位置探测中误差为 0.05 h。

    2 埋深探测中误差为 0.075 h。

    (h 为排水管渠的顶埋深,若 $h < 3$ m,则取 $h = 3$ m)

4.1.7 特大排水管渠结构定位与渗漏探测的点位测量精度应满足下列要求:

1 平面位置测量中误差为 5 cm(相对于邻近控制点)。

2 高程测量中误差为 3 cm(相对于邻近控制点)。

4.2 资料调绘

4.2.1 特大排水管渠资料调绘宜包括下列内容:

1 已有管渠及其附属设施的设计图、施工图、竣工图,维修、加固、改造、事故处理等资料。

2 管渠周边的其他地下管线资料。

3 管渠周边的主要建(构)筑物设计图、设计变更、技术说明资料及竣工图等。

4 管渠周边地铁、桥梁等大型市政设施的设计图、设计变更、技术说明资料及竣工图等。

5 管渠周边的岩土工程勘察报告、钻孔柱状图、地质分层剖面图等地质资料。

6 管渠周边的地形图。

4.2.2 资料调绘时应搜集整理管渠与附属设施以及周边其他建(构)筑物资料,并编绘现状调绘图。

4.2.3 特大排水管渠调绘图编绘宜符合下列规定:

1 宜将特大排水管渠及其附属设施、周边其他地下管线资料、周边主要建(构)筑物和市政基础设施资料转绘到相应比例尺的地形图上,编制特大排水管渠现状调绘图。

2 特大排水管渠现状调绘图宜根据管渠、其他管线及主要建(构)筑物和市政基础设施的竣工图、竣工测量成果或已有的外业探测成果编绘;无竣工图、竣工测量成果或外业探测成果时,可根据施工图及有关资料,按管渠与邻近附属物、明显地物点、现有路边线的相互关系编绘。

4.3 现场调查

4.3.1 现场调查应根据任务书要求及调绘图确定调查范围。

4.3.2 现场调查时,应对调查范围内存在的地铁、隧道、高架、桥梁、地面堆载、违章建筑、交通状况以及施工活动情况进行详细记录。

4.3.3 现场调查时,还应对地面构筑物、市政设施和地表是否存在明显倾斜、沉降凹陷、路面开裂以及涌水等环境病害迹象进行测量,并以照片或者视频方式记录。

4.3.4 现场调查完成后,应结合特大排水管渠调绘图、现场调查情况编制现状调查成果图,成果图中宜包含下列内容:

    1 管渠周边地形。

    2 管渠平面分布位置。

    3 管渠周边地下管线分布、地面及地下建(构)筑物分布、环境病害迹象分布位置、地面堆载、施工活动范围。

4.4 管渠位置探查

4.4.1 当特大排水管渠位置不明或周边有施工活动影响管渠安全时,应探明管渠位置。

4.4.2 特大排水管渠位置探查工作应查明管渠结构边界位置、埋深、接口位置等参数。当邻近其他建(构)筑物时,还应探明管渠边界到建(构)筑物地下结构的空间相对位置和距离。

4.4.3 管渠位置探查宜在资料调绘和现场调查的基础上按下列原则选择方法:

    1 陆域管渠顶埋深小于等于 3 m 时,平面位置及顶埋深可采用探地雷达法、地震映像法和示踪法。

    2 陆域管渠顶埋深大于 3 m 时,平面位置及埋深宜采用地震映像法、井中磁梯度法。

3 当管渠位于水域范围内,宜采用水域磁测法、浅地层剖面法。

4 管渠接口位置宜采用高密度电阻率法。

4.4.4 当采用示踪法确定管渠位置时,应按下列步骤进行:

1 检测目标管渠内部情况,确定示踪探头可在内部自由出入。

2 将满电电池装入示踪探头,地面检测信号正常,利用穿管器或爬行器等将示踪探头送入目标管渠内部。

3 示踪探头在目标管渠内静止后,在地面搜索示踪探头的磁场信号。

4 保持信号接收机中线圈的法线与示踪探头的法线一致,观测同一频率磁场的水平分量。

5 在水平面上前进,寻找磁场水平分量的极大值,为示踪探头的正上方。

6 沿示踪探头运行的方向,在磁场水平分量极大值的两侧,寻找对称分布的两个零值信号点,两个零值信号点之间距离的0.7倍,近似为示踪探头相对于地面的垂直深度。

7 移动示踪探头,重复步骤3～6,逐点确定目标管渠空间位置。

4.4.5 管渠位置探查应按下列流程实施:

1 资料搜集,应包括管渠的设计及施工资料、目标区域的地下管线资料。

2 现场踏勘,应了解检测位置附近的现场条件,如管渠上部地表类型、透气井位置、管渠上部附近雨污水等地下管线分布情况,以及对探测可能带来干扰的物体分布情况等。

3 现场探测,应根据现场条件选择相应的方法实施探测,探测时宜按平面位置探测、走向探测、底埋深探测、接口位置探测的顺序依次实施。

4 数据处理与解译,应根据探测数据进行相应的处理。

5 应根据资料搜集、现场踏勘、现场探测、数据处理与解译结果综合研判管渠位置。

4.4.6 对探明的管渠位置在地表具备作业条件时,宜采用触探法对管渠的边界位置进行验证,触探前应确保触探位置下方不存在其他地下管线。

4.5 管渠周边环境病害调查

4.5.1 当管渠沿线出现肉眼可见的地面沉陷、污水冒溢或异常积水等情况时,应开展管渠周边环境病害探测。

4.5.2 管渠周边环境病害探测宜按照现行行业标准《城市地下病害体综合探测与风险评估技术标准》JGJ/T 437 和现行上海市工程建设规范《工程物探技术标准》DG/TJ 08—2271 的要求执行。

4.5.3 管渠周边环境病害探测的平面范围应根据管渠底埋深确定,探测范围宜按下列原则确定:

1 探测范围沿管渠走向方向不应小于管渠底埋深的 5 倍,垂直方向不应小于 3 倍。

2 如探明的病害边界超出上述范围,应扩大探测范围。

4.5.4 病害探测应根据场地条件及管渠敷设状态,选择合适的探测方法。具体方法可按表 4.5.4 选择。

表 4.5.4 管渠周边环境病害探测方法

病害类型	适宜的探测方法	说明
脱空、空洞、疏松体	探地雷达法	管渠顶埋深小于等于 3 m 且地面相对平整、无明显金属干扰物时
	瞬态面波法	管渠顶埋深大于 3 m 且小于等于 10 m,且地面相对空旷平整时
	微动法	管渠顶埋深大于 10 m,地面无明显障碍物时
异常积水	高密度电阻率法、电阻率CT法	场地较开阔、有接地条件、适宜电极布设时

4.5.5 管渠渗漏探测成果应标明渗漏位置并根据探测异常范围及性质综合评定渗漏严重程度。

4.5.6 环境病害探测成果应包括病害的平面投影位置、范围、深度等信息，必要时应采取综合探查手段进行核查或验证。

5 结构性能检测

5.1 一般规定

5.1.1 结构性能检测应包括结构表观缺陷检测、材料强度检测、构件尺寸检测和材料耐久性检测。

5.1.2 结构性能检测方法应根据检测目的、检测参数、精度要求和场地环境条件等综合确定，并应遵循下列规定：

    1 当同一参数存在多种检测方法时，应选择便捷、无损、经济的检测方法。

    2 当选用有损的检测方法时，应保证管渠结构的安全性。

5.1.3 结构性能检测应优先在管渠内部实施。对于满管运行的管渠，若无条件在管渠内部检测表观缺陷，可在管渠外部采用无损检测手段检测管渠剩余壁厚、内层钢筋与内层保护层存在性，结合设计资料间接判定管壁结构腐蚀深度。

5.1.4 从管渠内部进行结构性能检测前，应通过权属单位协调，关联泵站配合降低水位或流速，选择检查井或透气井作为检测入口，并根据检测设备无线信号的有效传输距离或数据线缆长度相对于相邻两检测入口间距的比例，可采用分段检测或一次性全段检测。

5.1.5 从管渠外部进行结构性能检测时，可采用局部开挖方法暴露管渠结构外表面实施；以开挖方式检测时，应采取围护措施确保周边土体稳定和结构安全。

5.1.6 结构性能检测手段宜以无损检测方法为主，局部可采用破损取样检测或原位检测进行验证或修正。当不具备验证条件时，宜采用两种或以上的无损检测方法相互印证。

5.1.7 对采用破损取样检测造成的损坏应及时修补,其材料强度不应低于原设计标准。

5.1.8 特大排水管渠结构性能检测单元的选择应具有代表性,对下列管段或断面应重点检测:

   1 已知存在结构严重损坏、污水外溢或地面塌陷的管段或断面。

   2 受相邻施工、偶然事件或其他灾害影响区域内的管段或断面。

   3 拟延长设计使用年限、改造、修复或加固的管段或断面。

   4 支管接入位置与管渠有较大高程落差的部位。

5.1.9 管渠表观缺陷检测后应进行结构表观缺陷评估;材料强度、构件尺寸、材料耐久性检测后可进行结构承载力评估。

5.2 结构表观缺陷检测

5.2.1 结构表观缺陷检测应查明排水管渠结构内表面的各类缺陷情况。缺陷名称及危害程度分级标准应符合本规程附录 A 的要求,缺陷命名应符合本规程附录 B 的要求。

5.2.2 管渠结构表观缺陷检测宜采用电视检测或声呐检测方法进行定性检测;管渠结构腐蚀深度宜采用激光扫描方法或人工方法进行定量检测。电视检测应满足现行上海市地方标准《排水管道电视和声呐检测评估技术规程》DB31/T 444 的要求。

5.2.3 箱涵结构表观缺陷检测宜以结构顶板、腋角、侧墙干湿交界处、涵段接口为检测重点。圆管结构表观缺陷检测宜以管顶、管壁干湿交界处、管段接口为检测重点。

5.2.4 液面上方管壁结构表观缺陷可采用搭载有多角度高清摄像设备和激光断面扫描设备的无人机、有缆遥控水下机器人、漂流浮筏、动力浮筏、爬行器等方法进行检测,各方法选择条件应符合表 5.2.4 的规定。

表 5.2.4 管内电视检测方法适用条件

搭载平台	液面上方空间或水深要求	流速要求 (m/s)	管底标高落差要求
无人机	液面上方空间≥1.5 m	无要求	无要求
有缆遥控水下机器人	液面上方空间≥0.2 m	[0,1]	落差区段须满流
漂流浮筏	液面上方空间宜≥1.0 m	[0.1,2]	避开截流井、倒虹井位置标高落差区段和管内障碍物造成标高增加区段
动力浮筏		[0,1]	
爬行器	水深<0.3 m	[0,1]	

5.2.5 液面下方管壁结构内表面的破裂缺陷,可采用搭载有前视和侧扫声呐的浮筏或有缆遥控水下机器人进行检测,检测方法应符合表 5.2.5 及本规程附录 C 的要求。

表 5.2.5 声呐检测水下结构表观缺陷的适用条件

搭载平台	液面上方空间要求	流速要求	水深要求	管底标高落差要求
浮筏或有缆遥控水下机器人	无	同电视检测流速要求	>300 mm	落差区段须满流

5.2.6 结构表观缺陷的声呐检测宜与电视检测同步进行。

5.3 材料强度检测

5.3.1 管渠材料强度检测应包括混凝土抗压强度和钢筋抗拉强度检测,检测方法及仪器设备可按表 5.3.1 确定。

表 5.3.1 管渠材料强度检测方法及仪器设备

检测参数	检测方法	仪器设备
混凝土抗压强度	回弹法	回弹仪
	钻芯法	钻芯机
钢筋抗拉强度检测	里氏硬度法	里氏硬度计
	力学试验法	万能试验机

5.3.2 材料强度检测根据现状和实施条件,可通过管渠外部检测方式实施。

5.3.3 当管渠结构表面未发生明显腐蚀时,宜对表面进行打磨后,按照现行行业标准《回弹法检测混凝土抗压强度技术规程》JGJ/T 23 的要求进行抗压强度检测并采用钻芯法修正。

5.3.4 当管渠结构表面已明显腐蚀时,宜按照现行行业标准《钻芯法检测混凝土强度技术规程》JGJ/T 384 采用钻芯法检测混凝土强度。

5.3.5 宜采用里氏硬度法对管渠结构钢筋强度进行原位测试,检测评定方法可依据现行国家标准《金属材料里氏硬度试验》GB/T 17394.1 和《黑色金属硬度及强度换算值》GB/T 1172;有条件时,宜截取钢筋进行力学试验确定钢筋力学性能。

5.4 构件尺寸检测

5.4.1 管渠构件尺寸检测应包括构件尺寸偏差、钢筋分布等内容,宜通过管渠外部检测方式实施,主要检测指标应满足下列要求:

    1 构件尺寸偏差检测应查明管渠外包尺寸、壁厚等关键尺寸信息。

    2 混凝土中钢筋检测应查明钢筋间距、钢筋直径和混凝土保护层厚度。

5.4.2 钢筋分布检测宜采用阵列式超声波法、探地雷达法、冲击回波法、电磁感应法等无损检测方法,必要时可采用直接法对无损检测结果进行验证。各方法的适用范围及指标可按表 5.4.2 选择。

表 5.4.2　构件尺寸检测方法选用表

检测方法	检测指标			
	钢筋间距	钢筋直径	混凝土保护层厚度	管壁厚度
阵列式超声波法	√	×	√	√

续表5.4.2

检测方法	检测指标			
	钢筋间距	钢筋直径	混凝土保护层厚度	管壁厚度
探地雷达法	√	×	√	√
冲击回波法	×	×	×	√
电磁感应法	√	×	√	×
直接法	√	√	√	√

注:"√"表示某方法适用于对应指标;"×"表示某方法不适用于对应指标。

5.5 材料耐久性检测

5.5.1 管渠材料耐久性检测应查明混凝土碳化深度、钢筋锈蚀性状等指标,宜通过管渠外部检测方式实施。

5.5.2 混凝土碳化深度应采用浓度为1‰的酚酞酒精溶液进行检测,检测应符合现行国家标准《混凝土结构现场检测技术标准》GB/T 50784的要求。

5.5.3 钢筋锈蚀性状检测应采用原位实测法、取样实测法或半电池电位法,检测应符合现行国家标准《混凝土结构现场检测技术标准》GB/T 50784的要求。

5.6 检测实施

5.6.1 阵列式超声波法可用于特大排水管渠结构内部钢筋布置、构件尺寸偏差及内部缺陷的检测,检测时应遵循下列原则:

　　1 检测仪器设备系统应具有参数设置、信号触发、数据采集、数据处理显示等功能。

　　2 检测时可不使用耦合剂,检测表面宜保持平整、干净。

　　3 特大排水管渠结构及钢筋分布检测时主频率宜选用25 kHz~120 kHz。

4 测线布置应垂直于钢筋轴线方向,并避免与主筋平行;测点宜呈网状布置,间距排列不宜大于 30 cm。

5 数据处理与解释应符合下列规定:

    1)宜采用合成孔径聚焦成像算法处理数据,可形成横剖面、纵剖面、平面及三维图。

    2)超声波在大型排水管渠混凝土中传播速度宜根据干耦合传感器接收信号的时差进行计算。

    3)特大排水管渠顶板或侧壁厚度、钢筋排布情况应根据成果剖面、三维成果图及管渠设计资料进行综合分析和解释。

6 阵列式超声波成果资料应符合下列规定:

    1)图件宜包括超声波剖面图像、超声波成果解释剖面图、三维超声波成果解释图,超声波剖面图形及三维超声波图形上应标明管渠钢筋及底部或侧壁界面异常反应的位置。

    2)超声成果图像宜绘制色谱图像,并标注检测长度和深度。

5.6.2 探地雷达法可用于特大排水管渠结构内部钢筋分布、构件尺寸偏差(厚度)及内部缺陷的检测,检测时应遵循下列原则:

1 检测时探地雷达天线宜选用 400 MHz～2.6 GHz,如检测精度要求高但深度较浅时,宜选择频率相对较高的天线。

2 检测中优先选择屏蔽天线,检测的最大深度应大于管渠顶板或侧壁的厚度。

3 根据中心频率估算出的检测深度小于管渠顶板或侧壁厚度时,应适当降低中心频率以获得适宜的检测深度。

4 管渠结构内钢筋分布检测时,探地雷达天线应垂直于钢筋轴线方向检测,应根据钢筋的双曲线反射波位置确定钢筋的间距。

5 检测测线宜采用网格状布置,网格间距宜为 10 cm～100 cm。

6 探地雷达法数据处理与解释应符合下列规定：

1）应根据外业数据质量及解释要求选择合适的处理方法，合理确定处理步骤。

2）大型排水管渠混凝土材料相对介电常数的标定应按式（5.6.2-1）计算：

$$\varepsilon_r = (ct/2h)^2 \qquad (5.6.2-1)$$

电磁波速度应按式（5.6.2-2）计算：

$$v = 2h/t \qquad (5.6.2-2)$$

式中：ε_r——管渠混凝土相对介电常数；

v——电磁波在管渠混凝土介质中的传播速度（m/ns）；

c——真空中的电磁波波速（m/ns），取 0.3 m/ns；

t——电磁波在管渠混凝土中传播的双程走时时间（ns）；

h——已知的管渠混凝土结构厚度（m）。

3）根据电磁波在特大排水管渠顶板或侧壁中的双程传播时间 t，按式（5.6.2-3）计算顶板或侧壁厚度：

$$H = 1/2vt \qquad (5.6.2-3)$$

式中：H——管渠顶板或侧壁厚度（m）；

v——电磁波在管渠混凝土介质中的传播速度（m/ns）；

t——电磁波在管渠混凝土介质中的双程传播时间（ns）。

4）特大排水管渠结构钢筋间距检测结果应根据探地雷达成果图中双曲线特征及管渠设计资料综合分析和判定。

5）特大排水管渠钢筋排布走向应根据多条探地雷达成果剖面及管渠设计资料综合分析和解释。

7 探地雷达成果资料应符合下列规定：

1）图件宜包括雷达剖面图像、雷达成果解释剖面图，雷达剖面图形上应标明大型排水管渠钢筋及底部或侧壁界面异常反应的位置。

    2）雷达剖面图像宜绘制灰度或色谱图像,雷达图像应标注检测长度、深度(时间)。

5.6.3 冲击回波法可用于特大排水管渠结构内构件尺寸偏差(厚度)的检测,检测时应遵循下列原则:

    1 检测设备冲击器应根据管渠顶板或侧壁厚度大小合理选择并可更换。

    2 传感器应采用具有接收表面垂直位移响应的宽带换能器,应能够检测到由冲击产生的沿着表面传播的 P 波到达时的微小位移信号。

    3 数据采集分析系统应具有功能查询、信号触发、数据采集、滤波、快速傅立叶变换等功能。

    4 检测表面应平整干燥,检测时应重复测试以验证波形的再现性。

    5 对管渠顶板或侧壁厚度检测时,应对采集的波形进行快速傅立叶变换;当所得的振幅谱无明显峰值时,应查明原因或改变激振器的大小进行重复测试。

    6 冲击回波法数据处理与解释应符合下列规定:

        1）管渠顶板或侧壁厚度的确定应通过快速傅立叶变换,确定频谱图中振幅峰值相对应的频率值。

        2）大型排水管渠顶板或侧壁厚度应按式(5.6.3)计算:

$$H = \frac{\beta v_{\mathrm{p}}}{2f} \qquad (5.6.3)$$

式中:H——管渠顶板或侧壁厚度(m);

    f——管渠顶板或侧壁厚度所对应的频率值(Hz);

    v_{p}——管渠顶板或侧壁混凝土 P 波速度(m/s);

    β——结构截面的几何形态系数,可取 0.96。

    7 冲击回波法成果图件应包括冲击回波法频谱曲线,冲击回波频率图像应标注频率、振幅。

5.6.4 电磁感应法可用于管壁混凝土保护层厚度和钢筋间距的检测,检测时应遵循下列原则:

1 检测前应调查了解管渠钢筋的直径和间距的设计值。

2 测线布置应垂直于所检钢筋轴线方向,检测表面应平整光洁。

3 检测前应进行预扫描,探头应在检测面上沿探测方向移动,直至仪器保护层厚度示值最小,此时探头中心线与钢筋轴线应重合,在相应位置做好标记,并初步了解钢筋埋设深度。

4 根据预扫描的结果,设定仪器量程范围,在预扫描的基础上进行详细扫描,确定钢筋的准确位置及钢筋间距,将探头放在与钢筋轴线重合的检测面上读取保护层厚度检测值。

5 电磁感应检测成果资料包括测线布置图、扫描方向,钢筋间距最大、最小与平均值,混凝土保护层最大、最小与平均值。

6 遇到下列情况之一时,应采用直接法进行验证:

  1) 怀疑相邻钢筋对检测结果有影响。

  2) 钢筋公称直径未知或有异议。

  3) 钢筋实际根数、位置与设计有较大偏差。

  4) 钢筋以及混凝土材质与校准试件有显著差异。

5.6.5 直接法包括取芯法、直接测量法,可用于混凝土保护层厚度、钢筋间距及构件尺寸的直接验证,检测应按下列步骤进行:

1 保护层厚度检测时应按下列步骤进行:

  1) 采用无损检测方法确定被测钢筋位置。

  2) 采用空心钻头钻孔或剔凿去除钢筋外层混凝土直至被测钢筋直径方向完全暴露,且沿钢筋长度方向不宜小于2倍钢筋直径。

  3) 采用游标卡尺测量钢筋外轮廓至混凝土表面最小距离。

2 钢筋间距检测应按下列步骤进行:

  1) 在垂直于钢筋长度方向上对混凝土进行连续剔凿,直至钢筋直径方向完全暴露。

2）选取连续分布且设计间距相同的钢筋,数量不宜少于6根。

3）当钢筋数量少于6根时,应全部剔凿。

4）采用钢卷尺逐个量测钢筋的间距。

3　构件尺寸的检测应按下列步骤进行:

1）特大排水管渠内部净尺寸宜在液面降低条件下采用激光测距仪在检查井或透气井中测量,当管渠埋置深度较大时,可采用延长杆。当具备潜水员进入管渠条件时,可辅以人工测量。

2）特大排水管渠管壁厚度检测,在检查井内可采用卷尺直接量取管段端头截面壁厚进行。如无检查井,则可采用钻孔取样机钻穿管壁后进行测量。

5.6.6　阵列式超声法、探地雷达法、冲击回波法检测应符合现行行业标准《水工混凝土建筑物缺陷检测和评估技术规程》DL/T 5251、《冲击回波法检测混凝土缺陷技术规程》JGJ/T 411 和现行协会标准《超声法检测混凝土缺陷技术规程》CECS 21 的相关要求。

6 结构变形监测

6.1 一般规定

6.1.1 当特大排水管渠周边有桩基、基坑、堆载及穿越等施工时,应进行结构变形专项监测。当任一项评估等级为Ⅲ级及以上时,应对重点部位开展结构变形定期监测。

6.1.2 监测单位应编制结构变形监测方案。监测方案应根据管渠结构特点、设计要求、安全评估结果、外部施工方式、地质条件等因素编制,并经管渠管理部门审核通过后方可实施。

6.1.3 监测方法的选择应根据现场作业条件、监测项目、频率及精度要求确定,方法和精度要求应符合国家、行业及上海市现行相关标准的规定。

6.1.4 管渠结构变形监测应采用仪器监测与现场巡视相结合的方式进行,管渠结构状况较差或可能会受到外部施工影响比较大时,宜采用自动化监测。

6.1.5 监测仪器精度应满足工程要求,并应定期进行检验、校准。各类传感器均应检查合格后方可埋设。

6.1.6 管渠结构变形监测宜采用信息化系统进行管理,信息系统宜具备数据采集、处理、分析、查询、管理和监测成果可视化等功能,并应保证数据存储和系统运维安全可靠。

6.2 监测内容

6.2.1 监测内容应结合外部作业项目、场地条件、结构评估状况以及周边环境等特征因素,同时兼顾经济性的要求,根据设计要求和实际情况选择。

6.2.2 特大排水管渠监测内容宜包括下列监测项目:

1 管渠结构竖向位移监测。

2 管渠结构水平位移监测。

3 管渠结构变形缝相对变形监测。

4 周边地表竖向位移剖面监测。

5 周围土体深层水平位移监测。

6 周围土体分层竖向位移监测。

6.2.3 监测项目应根据外部作业特点、场地地质条件、管渠结构特征、管渠与外部作业场地位置关系等因素综合确定。监测项目选择可参照表6.2.3确定。

表6.2.3 管渠结构及周围土体监测项目

序号	监测对象	监测项目	施工影响专项监测				定期监测
			桩基施工	基坑施工	堆卸载施工	穿越施工	
1	管渠结构	管渠结构竖向位移	√	√	√	√	√
2		管渠结构水平位移	√	√	√	√	○
3		管渠结构变形缝相对变形	√	√	√	√	○
4	周围土体	地表竖向位移剖面	√	√	√	√	√
5		土体深层水平位移	○	○	○	○	○
6		土体分层竖向位移	○	○	○	○	—

注:"√"应测项目;"○"选测项目(视工程具体情况和相关方要求确定);"—"不需要测。

6.2.4 外部施工影响的管渠结构变形专项监测范围应符合下列要求:

1 桩基工程:监测范围自挤土桩施工区域正对管渠结构起向两侧延伸不应小于1.5倍的桩长;非挤土桩施工区域正对管渠结构并向两侧延伸不宜小于1倍的桩长。

2 基坑工程:监测范围自基坑开挖区域正对管渠结构并向

两侧延伸不应小于 3 倍的基坑设计开挖深度。

3 堆卸载工程:监测范围自堆卸载区域正对管渠结构并向两侧延伸长度不应小于 50 m。

4 穿越工程:监测范围不应小于盾构或顶管轴线至 3 倍盾构或顶管中心埋深的区域。

6.2.5 当管渠保护区内外部施工存在下列情况时,相应监测项目宜采用自动化监测方式实施:

1 盾构、顶管等正穿、侧穿管渠结构施工。

2 管渠结构地表投影范围内有堆卸载施工。

3 桩基、基坑、盾构、顶管、堆卸载施工区距管渠结构边线小于 10 m。

6.2.6 当采用自动化实时监测时,应符合下列规定:

1 自动化监测系统宜包含监测仪器设备、数据自动采集系统、数据传输系统、数据存储管理系统及实时发布系统等。

2 自动监测仪器设备在满足准确性要求的前提下,力求结构简单、稳定可靠、维护方便,监测仪器设备的选型和保护措施应满足工程需要,其类型、规格宜统一,以降低系统维护的复杂性。

3 数据处理软件应通过测试验证,以保证监测数据的准确性。

4 自动化监测应实时发布监测数据并能进行自动报警或故障显示,宜配备独立于自动监测仪器的人工测量数据的输入接口,以确保自动仪器设备发生故障时能获取测值并及时修复。

5 数据处理和实时发布系统应实时共享,具有数据查询、图形数据展示、报警状态显示等功能。

6.3 监测点布置

6.3.1 变形监测网的网点宜分为基准点、工作基点和监测点。基准点数量应不少于 3 个,并布设在施工影响范围外。监测期间,基准点和工作基点应定期联测,以检验其稳定性。

6.3.2 监测点布设应符合下列要求：

1 监测点应在监测对象可能受到施工影响前及时埋设。

2 监测点位能够反映被测对象的变形特征。

3 不影响被测对象的安全与正常运营。

4 监测点标志稳固、明显、结构合理，易于保护，便于观测。

5 监测点的成活率应满足工程监测的需要，被破坏的监测点或传感器应及时恢复。

6 监测点编号应统一、规范，便于管理。

6.3.3 监测点埋设形式可参照本规程附录 D 布置，并符合下列规定：

1 管渠结构竖向位移监测点应成对布设在管渠结构顶部变形缝处两侧，当管渠结构宽度大于 5 m 时，管渠结构左右侧应各布置 1 对竖向位移点；如为附属结构，宜在结构特征处设置竖向位移监测点。

2 管渠结构水平位移监测点应成对布设在管渠结构顶部变形缝处两侧，水平位移监测点宜与竖向位移监测点共点。

3 管渠结构变形缝相对变形监测点应布设在管渠结构顶部变形缝处两侧，当管渠结构宽度大于 5 m 时，管渠结构左右侧应各布置 1 组相对变形监测点。

4 对于桩基工程、基坑工程、堆卸载工程，地表竖向位移剖面宜布设在管渠结构变形缝处，剖面宜起止于管渠结构与外部作业场地边线，监测剖面应垂直于管渠结构边线；对于穿越工程，宜在工程影响范围内的管渠结构两侧 2 m 处平行管渠结构布设地表竖向位移监测剖面，监测剖面各监测点可等间距布置，点距不宜大于 10 m；地表竖向位移剖面监测点宜穿透地表硬壳层，布设深层沉降监测点。

5 土体深层水平位移监测孔宜布设在管渠结构变形缝处，孔深不宜小于 2 倍的管渠结构底部埋深。

6 土体分层竖向位移监测孔宜布设在管渠结构变形缝处，

孔深不宜小于2倍的管渠结构底部埋深,监测点在竖向上宜布置在各土层分界面上,在厚度较大土层中部应适当加密。

6.4 监测实施

6.4.1 特大排水管渠变形监测实施应符合现行上海市工程建设规范《基坑工程施工监测规程》DG/TJ 08—2001 的规定。

6.4.2 监测周期应覆盖外部施工全过程,外部施工完成且管渠结构变形稳定后方可停止监测。

6.4.3 监测点初始值观测应在监测点埋设稳定后实施,并取至少连续观测3次的稳定值的平均值作为初始值。

6.4.4 监测频率应能及时、系统反映外部施工全过程管渠结构及周围土体的动态变化。监测频率可参照表6.4.4-1~表6.4.4-5确定,并应满足设计要求。当监测数据变化速率较大、监测值达到或接近报警值且现场巡视中发现异常情况时,应提高监测频率,并立即通报相关单位。

表 6.4.4-1 桩基工程监测频率

施工类型 监测项目	挤土桩施工	非挤土桩施工
应测项目	1次/天	1次/2天
选测项目	1次/天	1次/3天

表 6.4.4-2 基坑工程监测频率

施工类型 监测项目	围护施工	降水施工	基坑开挖	地下结构施工
应测项目	1次/3天	1次/2天	(1~2)次/天	1次/3天
选测项目	1次/7天	1次/3天	1次/天	1次/7天
备注	支撑拆除施工期间,监测频率为1次/天			

表 6.4.4-3 堆卸载工程监测频率

监测项目 \ 施工类型	堆卸载施工	堆载间歇期	堆卸载完成后
应测项目	(2~3)次/天	1次/天	3个月内,1次/3天
选测项目	1次/天	1次/2天	3个月内,1次/7天

表 6.4.4-4 穿越工程(盾构)施工监测频率

监测对象	$-30<L_1\leq10$	$0<L_2\leq50$	$L_2>50$			
			$\delta>2$	$1<\delta\leq2$	$0.5<\delta\leq1$	$\delta\leq0.5$
应测项目	4次/天	4次/天	2次/天	1次/天	1次/2天	1次/7天或更长
选测项目	2次/天	2次/天	1次/天	1次/3天	1次/7天	1次/15天或更长

注:1. L_1——盾构机刀盘至管渠结构边线的水平距离(m),L_1 为负值表示管渠结构在刀盘的前方,L_1 为正值表示管渠结构在刀盘的后方。

2. L_2——盾尾至管渠结构边线的水平距离(m),L_2 为正值表示管渠结构在盾尾的后方。

3. δ——变形速率(mm/d)。

表 6.4.4-5 穿越工程(顶管)施工监测频率

监测项目 \ 施工类型	顶管顶进施工	其他工况
应测项目	4次/天	1次/天
选测项目	2次/天	1次/3天

6.4.5 监测报警值应由变化速率和累计变化值控制,各监测项目报警值应按下列原则确定:

1 监测报警值应根据管渠结构特点、管渠结构安全评估结果或病害状况、安全运营要求、地质条件、外部作业特点及工程经验等由管理部门确定。

2 当无具体报警值时,可按表 6.4.5 确定。

表 6.4.5　监测报警值

监测项目	变化速率(mm/d)	累计量(mm)
管渠结构竖向位移	2	10
管渠结构水平位移	2	10
管渠结构变形缝相对变形	2	10
周边地表竖向位移剖面	3	20
土体深层水平位移	3	20
土体分层竖向位移	3	20

6.4.6　现场监测实施过程中发现下列情况应发出警情报告,同时应采取加密监测等应急措施:

　　1　管渠结构或周围土体变形数据突然明显增大。

　　2　管渠结构出现新增裂缝或裂缝明显增大、管渠结构发生渗漏等。

　　3　管渠结构周边地表出现较严重的突发裂缝或坍塌。

　　4　外部作业工程出现工程险情时,对周边环境明显影响。

　　5　据工程经验判断应报警的其他情况。

6.4.7　监测单位应按管理单位要求定期编制监测成果报告。监测成果包括日报表、阶段成果和总结报告。日报表应在每次监测后整理提交;阶段成果应根据外部施工工况、管渠结构变形情况整理提交;总结报告应在项目结束后提交。监测成果资料应规范、完整、清晰,相关人员签字应齐全。

7 结构安全评估

7.1 一般规定

7.1.1 特大排水管渠结构安全评估应按环境风险评估、结构表观缺陷评估、结构承载力评估分别进行,并根据分项评估结果评定总体安全风险等级。

7.1.2 环境现状调查后应进行环境风险评估,对环境风险等级高的管段应优先进行结构性能检测或采取针对性措施。

7.1.3 结构性能检测后应进行结构表观缺陷评估,必要时再进行结构承载力评估,并根据评定风险等级,提出处理建议。

7.1.4 结构安全评估应按照管段结构类型和结构作用划分为不同的结构单元,以所划分的结构单元为最小评价单位。对多个管段或区域管渠评估时,应列出各评价等级管段数量占全部管段数量的比例。

7.2 环境风险评估

7.2.1 环境风险等级分为Ⅰ级、Ⅱ级、Ⅲ级和Ⅳ级,应按照表7.2.1要求评定环境风险等级,级别越高,风险越大。

表7.2.1 管渠环境风险等级评定

等级	分值 R_E	风险程度	处置措施
Ⅰ	$0 \leqslant R_E < 2$	无风险	无须特别措施
Ⅱ	$2 \leqslant R_E < 4$	轻微风险	加强巡查,关注风险发展

等级	分值 R_E	风险程度	处置措施
Ⅲ	$4 \leqslant R_E < 7$	中等风险	尽快开展结构性能检测评估或针对风险源进行监测
Ⅳ	$7 \leqslant R_E \leqslant 10$	严重风险	立即开展结构性能检测评估,采取措施消除风险

7.2.2 有下列情况之一时,评价单元的环境风险等级应评定为Ⅳ级:

1 管渠上方道路或路面发生严重塌陷、渗漏、涌砂现象。

2 周边建筑基坑发生严重坍塌事故,有可能影响管渠结构安全运行。

3 其他严重影响管渠安全的情况。

7.2.3 环境风险评估应先划分评价单元,逐一评定分项风险因素,按管渠区间分段进行综合评定。风险因素综合评价按式(7.2.3)计算:

$$R_E = 10 \sum_{i=1}^{\infty} \mu_{Ei} W_{Ei} \qquad (7.2.3)$$

式中:R_E——环境风险因素综合评价指数;

μ_{Ei}——环境风险指标因子隶属度;

W_{Ei}——环境风险指标因子权重值。

7.2.4 环境风险因素单指标因子的隶属度和权重确定,应参照表7.2.4选择。

表7.2.4 环境风险因素单指标因子隶属度和权重

序号 i	环境风险因素单指标因子		隶属度 μ_E	权重 W_E
1	服役年份	>30年	表E.0.1	0.05
		20年~30年		
		10年~20年		
		0~10年		

序号 i	环境风险因素单指标因子		隶属度 μ_{Ei}	权重 W_{Ei}
2	地区重要性	中心商业区及旅游区/邻近轨道交通、铁路、机场等重要设施	1	0.03
		交通干道和其他商业区、人员密集场所	0.6	
		其他行车道路、住宅、宿舍、公寓	0.3	
		其他区域	0.1	
3	近5年内维修次数	>10次	表E.0.2	0.15
		5次～10次		
		2次～5次		
		0～2次		
4	运行条件	长期非满管流/重力流	1	0.20
		满管流和非满管流按汛期/非汛期交替	0.6	
		满管流和非满管流每日交替	0.3	
		长期满管流/压力流	0.1	
5	地层条件	暗浜(塘)	1	0.04
		粉砂或砂质粉土	0.6	
		淤泥质土	0.3	
		其他一般土层	0.1	
6	环境病害	严重	1	0.35
		显著	0.6	
		轻微	0.3	
		无	0.1	

序号 i	环境风险因素单指标因子		隶属度 μ_{Ei}	权重 W_{Ei}
7	上部有构筑物或堆载	庞大	1	0.09
		较多	0.6	
		少量	0.3	
		无	0.1	
8	相邻施工场地距离	≤4 m	表E.0.3	0.09
		4 m~12 m		
		12 m~20 m		
		>20 m 或附近无施工		

7.3 结构表观缺陷评估

7.3.1 管渠的结构表观缺陷风险等级分为Ⅰ级、Ⅱ级、Ⅲ级和Ⅳ级,应按照表7.3.1要求评定缺陷风险等级,级别越高,风险越大。

表7.3.1 管渠结构表观缺陷风险等级评定

等级	结构表观缺陷参数 R_F	结构表观缺陷评价	处置措施
Ⅰ	$R_F < 2$	结构基本完好	无须特别措施
Ⅱ	$2 \leqslant R_F < 6$	结构有少量损坏,结构状况总体较好	根据具体情况采取措施
Ⅲ	$6 \leqslant R_F < 10$	结构有较多损坏或个别处出现中等或严重的缺陷,结构状况总体较差	尽快开展结构承载力评估或采取监测、修缮加固等措施
Ⅳ	$R_F = 10$	结构大部分已损坏或个别处出现重大缺陷,结构状况总体很差	立即开展结构承载力评估或采取修缮加固措施

7.3.2 有下列情况之一时,评价单元的结构表观缺陷风险等级应评定为Ⅳ级:

    1 箱涵顶板出现宽度大于 5 mm 的纵向结构性裂缝或腋角混凝土劈裂。

    2 箱涵顶板或圆管顶部保护层全部脱落,内侧钢筋严重锈蚀。

    3 管渠发生严重错位、脱节,接口处存在瀑布状渗漏。

    4 其他严重影响管渠安全的情况。

7.3.3 管渠结构表观缺陷风险等级评定应先划分评价单元,逐一评定分项风险因素,按管渠评价单元逐一进行综合评定。表观缺陷参数 R_F 应根据式(7.3.3-1)进行计算:

$$R_F = \begin{cases} 0.25S_F & S_F < 40 \\ 10 & S_F \geqslant 40 \end{cases} \tag{7.3.3-1}$$

式中损坏状况系数 S_F 按式(7.3.3-2)计算:

$$S_F = \frac{100}{L} \sum_{i=1}^{n} W_{Fi} L_{Fi} \tag{7.3.3-2}$$

式中:L——被评估管渠的总长度(m);

    L_{Fi}——第 i 处缺陷纵向长度(m)(以个为计量单位时,纵向长度每 1 m 为 1 个,不足 1 m 为 1 个);

    W_{Fi}——第 i 处缺陷权重,应查表 7.3.3 获得;

    n——表观缺陷总个数。

表 7.3.3　表观缺陷等级权重和计量单位

缺陷代码、名称	缺陷等级及权重				计量单位
	1	2	3	4	
	轻微缺陷	中等缺陷	严重缺陷	重大缺陷	
PL 破裂	0.20	1.00	4.00	12.00	个(环向)或 m(纵向)

缺陷代码、名称	缺陷等级及权重				计量单位
	1	2	3	4	
	轻微缺陷	中等缺陷	严重缺陷	重大缺陷	
CW 错位	0.15	0.75	3.00	9.00	个
TJ 脱节	0.15	0.75	3.00	9.00	个
SL 渗漏	0.15	0.75	3.00	9.00	个(环向)或 m(纵向)
FS 腐蚀	0.15	4.75	9.00	—	m
JQ 胶圈脱落	0.05	0.25	1.00	—	个
AJ 支管暗接	0.75	3.00	9.00	12.00	个
QR 异物侵入	0.75	3.00	9.00	—	个

7.4 结构承载力评估

7.4.1 管渠结构承载力风险等级分为Ⅰ级、Ⅱ级、Ⅲ级和Ⅳ级，应根据表 7.4.1 要求评定承载力风险等级，级别越高，风险越大。管渠结构或构件计算分析和校核方法，应符合现行国家标准《给水排水工程管道结构设计规范》GB 50332、《混凝土结构设计规范》GB 50010 和现行协会标准《给水排水工程埋地矩形管管道结构设计规程》CECS 145 等的规定。

表 7.4.1 管渠结构承载力风险等级评定

等级	结构承载力极限状态验算	结构承载力情况	处置措施
Ⅰ	$R/(\gamma_o S) \geq 1.0$	满足相关标准要求	正常使用，无须特别措施
Ⅱ	$0.9 \leq R/(\gamma_o S) < 1.0$	略低于相关标准要求	可不处理，加强巡视和维护
Ⅲ	$0.85 \leq R/(\gamma_o S) < 0.9$	低于相关标准要求	定期监测或尽快采取修复措施
Ⅳ	$R/(\gamma_o S) < 0.85$	显著低于相关标准要求	立即局部修复或整体修复

7.4.2 有下列情况之一时，结构承载力风险等级应评定为Ⅳ级：

1 管壁呈凹槽状，内侧钢筋外露、锈蚀，钢筋截面损失率大于50%。

2 顶板厚度损失率超过设计值的30%。

3 其他严重影响结构承载力的情况。

7.4.3 结构承载力验算应根据竣工或设计资料，并结合现场调查、检测和监测结果进行。对资料缺失的排水管渠结构，宜根据结构性能检测结果，参考同年代设计资料或标准图集进行验算。

7.4.4 计算时如发现结构检测、试验数据的数量不足、精度不高而造成结构验算缺少必要计算参数，或计算结果出现异常时，应进行补充检测或扩大检测范围。

7.4.5 结构承载力验算中采用的结构尺寸、壁厚、混凝土强度、钢筋强度及钢筋配置等核心数据，应进行实测数据与竣工资料比对，并按下列原则综合选取：

1 结构尺寸宜优先选用检测数据，受损部位的壁厚应采用检测数据。

2 结构材料强度，应根据构件原设计要求和已获得的检测数据按下列原则取值：

1）当材料的种类和性能符合原设计要求时，宜采用原设计标准值或实测值。

2）当材料的种类和性能与原设计不符或材料性能已显著退化时，应采用实测值。

3）当采取多种检测手段进行综合检测时，应说明检测结果确定原则。

3 混凝土中的钢筋保护层厚度、位置、直径、间距或数量，宜结合当前检测数据与竣工资料进行比对后确定。

7.4.6 结构承载力验算模型，应符合结构的实际受力、构造状况和边界条件。

7.4.7 结构承载力验算宜建立整体管渠模型，按平面应变问题进行计算。当局部地面堆载、道路荷载、邻近工程影响对排水管渠结构纵向产生明显的附加内力导致变形不均匀时,应建立三维模型进行分析计算。

7.4.8 排水管渠结构上的作用可分为永久作用和可变作用两类,并按下列原则取舍:

　　1 永久作用应包括结构自重、土压力(竖向和侧向)、预加应力、管道内的水重、地基的不均匀沉降。

　　2 可变作用应包括地面人群荷载、地面堆积荷载、地面车辆荷载、温度变化、压力管道内的静水压(运行工作压力或设计内水压力)、管道运行时可能出现的真空压力、地表水或地下水的作用。

7.4.9 当管渠周边环境发生变化时,应对管渠结构的抗浮稳定、环向稳定和抗滑稳定性进行验算。

7.5 总体安全评估

7.5.1 特大排水管渠结构总体安全评估应根据环境风险评估、结构表观缺陷评估、结构承载力评估等级综合确定。

7.5.2 特大排水管渠总体安全风险等级分为一级、二级、三级和四级,应根据表 7.5.2 要求评定总体安全风险级别,级别越高,风险越大。

表 7.5.2　特大排水管渠总体安全风险等级及分级规定

等级	分级规定
一	3 个分项评估等级中有 2 项Ⅰ级或 1 项Ⅱ级,其余均不超过Ⅰ级
二	3 个分项评估等级中有 2 项Ⅱ级或 1 项Ⅲ级,其余均不超过Ⅱ级
三	3 个分项评估等级中有 2 项Ⅲ级且无Ⅳ级
四	3 个分项评估等级中有 1 项为Ⅳ级

7.5.3 对管渠结构总体安全风险等级为四级的管渠,委托方可

组织专家对结构检测评估报告进行复审。

7.5.4 特大排水管渠安全风险控制对策宜根据总体安全风险等级,按表 7.5.4 要求分类施策,并应对处理后的管渠结构进行处理效果检测。

表 7.5.4　特大排水管渠安全风险控制对策

等级	说明	控制对策
一	结构安全满足运行要求	可不处理,定期维护
二	结构安全性略低于运行要求	不修复或局部修复
三	结构安全性不满足运行要求	尽快局部或整体修复
四	结构安全性显著不满足运行要求	立即局部修复或整体修复

8 检测与评估报告

8.1 一般规定

8.1.1 检测与评估完成后应编制总结成果报告。成果报告可以是一份完整的检测与评估报告,也可分成相对独立的检测、评估两份报告。

8.1.2 总结成果报告应包括文字、图表和必要的附件。成果文件的文字、术语、符号和计量单位,均应符合国家相关标准的规定。

8.2 成果报告编制

8.2.1 检测报告的编制应包括下列内容:

1 检测报告的标题。

2 检测报告单位名称、地址、联系人和联系方式。

3 检测报告唯一性标识(编号)。

4 检测单位的资格能力证明。

5 项目负责人、检测人员、检测报告编写人、校核人、审查人。

6 检测项目的概况,主要包括工程名称、地点、规模、结构特征、修建年代、现场环境、检测目的等。

7 检测依据,主要包括检测项目合同、相关的现行国家或行业标准、设计图纸、竣工资料和其他有关的技术文件名称。

8 检测所用的仪器设备,主要包括仪器设备的名称、型号、唯一性(编号)标识、主要性能指标及有效状态。

9 检测方法技术、现场实施、工作布置方式。

10 检测成果。

11 检测结论。

12 附件。

8.2.2 评估报告应包括下列内容：

1 工程概况(项目背景、项目必要性、管渠现状)。

2 自然地理与地质环境(气象水文、地形地貌、地质概况)。

3 检测主要成果(环境现场调查情况、结构性能情况、结构变形监测情况等)。

4 结构安全评估(安全评估的依据及规范、安全评估的主要内容和评估标准、环境风险评估、结构表观缺陷评估、结构承载力评估、总体安全评估)。

5 评估结论及下一步工作建议。

6 附件。

8.2.3 当仅开展单项检测或单项评估时,相应的检测或评估报告可适度简化。

8.2.4 检测与评估报告应由具备相关技术能力的专业技术人员编写;提交的报告应经校核、审查人的核实批准,并应有项目负责人、编写人、校核人和审查人的签字确认。

9 信息管理

9.0.1 信息管理宜涵盖特大排水管渠环境现状调查、结构性能检测、结构变形监测、结构安全评估、检测与评估报告等过程信息。

9.0.2 特大排水管渠信息管理应通过信息系统进行管理,系统的基本功能可划分为数据采集、数据存储、数据可视化、数据交换、数据分析应用等,实现的功能应满足实际需要。

9.0.3 特大排水管渠信息管理的数据分类应采用统一的命名规则,宜包含下列数据:

1 管渠结构基本数据:宜包含管渠的位置、所属排水系统、类别、等级、尺寸、材质、埋深、标高、埋设方式、接口形式、水力状况、断面形式、建设信息、改建信息、管理信息等。

2 管渠周边环境数据:宜包含地面空洞、地面沉陷、污水冒溢、异常积水、管渠渗漏、地下水位、下部软弱土层、所在土层物理力学参数、特殊不良地质、地表建筑物等。

3 管渠结构性能数据:宜包含管渠结构表观缺陷、材料强度、构件尺寸和材料耐久性数据。

4 变形监测数据:宜包含管渠结构竖向位移、水平位移、变形缝相对变形以及周边土体地表竖向位移、土体深层水平位移、土体分层竖向位移。

5 外部工程数据:宜包含工程名称、工程地址、工程类型、建设单位、施工单位、施工负责人及联系方式、施工周期、施工工况等。

6 历史事故与维修数据:宜包含事故的时间、地点、原因、影响、维修方案、维修周期、实施单位、实施负责人及联系方式等。

7 评估等级数据:宜包含环境风险等级、结构表观缺陷等级、结构承载力等级和总体安全评估等级。

8 成果资料:宜包括检测报告、评估报告。

9.0.4 特大排水管渠数据宜按要素的空间特征,分为二维数据和三维数据。二维数据应以点、线、面的方式进行管理,三维数据宜以管渠结构 BIM 模型为主数据进行管理。

9.0.5 数据更新应满足下列要求:

1 特大排水管渠几何数据、本体结构变形数据、外部环境数据应在数据采集后及时更新入库,保证数据的时效性。

2 数据库更新时,应同步更新空间数据、属性数据及对应的元数据。空间数据应留存历史数据,不能直接覆盖更新。

9.0.6 数据库更新与维护应建立数据备份机制,根据实际条件规定备份方式、存储介质,并定期检核、清理备份数据、转存备份数据。

附录A 特大排水管渠结构表观缺陷名称、代码和危害程度分级

表A 特大排水管渠结构表观缺陷名称、代码和危害程度分级

缺陷名称	缺陷代码	定义	等级	缺陷描述
破裂	PL	管渠的外部压力超过自身的承受力致使管渠发生破裂。其形式有纵向、环向和复合3种	1	裂痕——当下列1个或多个情况存在时： 1）在管壁上可见细裂痕； 2）在管壁上由细裂缝处冒出少量沉积物； 3）轻度剥落
			2	裂口——破裂处已形成明显间隙，但管渠的形状未受影响且破裂无脱落
			3	破碎——管壁破裂或脱落环向覆盖范围不大于弧长60°
			4	坍塌——当下列1个或多个情况存在时： 1）管渠材料裂痕、裂口或破碎处边缘环向覆盖范围大于弧长60°； 2）管壁材料发生脱落的环向范围大于弧长60°
错位	CW	同一接口的两个管口产生横向偏差，未处于管渠的正确位置	1	轻度错位——相接的两个管口偏差不大于20 mm
			2	中度错位——相接的两个管口偏差介于20 mm～30 mm之间
			3	重度错位——相接的两个管口偏差介于30 mm～50 mm之间
			4	严重错位——相接的两个管口偏差大于50 mm以上

缺陷名称	缺陷代码	定义	等级	缺陷描述
脱节	TJ	两根管渠的端部未充分接合或接口脱离	1	轻度脱节——管渠端部有少量泥土挤入
			2	中度脱节——脱节距离不大于20 mm
			3	重度脱节——脱节距离为20 mm～50 mm
			4	严重脱节——脱节距离为50 mm以上
渗漏	SL	管外的水流入管渠	1	滴漏——水持续从缺陷点滴出,沿管壁流动
			2	线漏——水持续从缺陷点流出,并脱离管壁流动
			3	涌漏——水从缺陷点涌出,涌漏水面的面积不大于管渠断面的1/3
			4	喷漏——水从缺陷点大量涌出或喷出,涌漏水面的面积大于管渠断面的1/3
腐蚀	FS	管渠内壁受侵蚀而流失或剥落,出现麻面或露出钢筋	1	轻度腐蚀——表面轻微剥落,管壁出现凹凸面
			2	中度腐蚀——表面剥落显露粗骨料或钢筋
			3	重度腐蚀——粗骨料或钢筋完全显露
胶圈脱落	JQ	橡胶止水带、橡胶圈、沥青、水泥等类似的接口材料发生脱落、断裂等形式的损坏	1	接口材料在管渠内水平方向中心线上部可见,但并不妨碍水流且脱落部分长度小于等于断面周长的15%
			2	接口材料在管渠内水平方向中心线上部下部均可见且脱落部分长度大于断面周长的15%
			3	管渠内四周发现橡胶止水带有断裂、破裂、脱离等损坏

缺陷名称	缺陷代码	定义	等级	缺陷描述
支管暗接	AJ	支管未通过检查井直接侧向接入主管	1	支管进入主管内的长度不大于主管直径10%
			2	支管进入主管内的长度在主管直径10%~20%之间
			3	支管进入主管内的长度大于主管直径20%
			4	支管未接入主管
异物侵入	QR	非管渠系统附属设施的物体穿透管壁进入管内	1	异物在管渠内且占用过水断面面积不大于10%
			2	异物在管渠内且占用过水断面面积为10%~30%
			3	异物在管渠内且占用过水断面面积大于30%

注:表中病害等级定义区域 X 的范围为 $x\sim y$ 时,其界限的意义是 $x<Y\leqslant y$。

附录 B 特大排水管渠结构表观缺陷图样

表 B 特大排水管渠结构表观缺陷图样

缺陷名称	缺陷代码	典型图样	
		箱涵	圆管
破裂	PL		
错位	CW		
脱节	TJ		
渗漏	SL		

缺陷 名称	缺陷 代码	典型图样	
		箱涵	圆管
腐蚀	FS		
胶圈 脱落	JQ		
支管 暗接	AJ		
异物 侵入	QR		

附录 C 特大排水管渠水下声呐检查 与检测技术要求

C.0.1 当采用声呐检测方式对特大排水管渠水下结构进行检测时,管渠内水深应大于 300 mm。非满水状态管渠且可在检查井间穿绳的采用浮筏搭载声呐,满水时可采用有缆遥控水下机器人搭载声呐检测。

C.0.2 浮筏穿绳后开始检测应符合下列规定:

    1 当采用机械穿绳时,应在穿绳 24 h 后开始检测。

    2 当采用人工穿绳时,可即刻开始检测。

C.0.3 利用测量工具标准尺,对软件采集线缆车高程数据与低程数据分别进行核定,完毕后二次复测核准拉出米数。

C.0.4 当检测过程中有下列情形之一时,应中止检测:

    1 探头受阻无法正常前行工作时。

    2 探头被水中异物缠绕或遮盖,无法显示完整的检测断面时。

    3 探头埋入泥沙致使图像变异时。

    4 有缆遥控水下机器人的螺旋桨或脐带电缆发生缠绕时。

    5 有缆遥控水下机器人无法实现定向及定深时。

    6 其他原因无法正常检测时。

C.0.5 根据管径的不同,应按表 C.0.5 选择不同的脉冲宽度。

表 C.0.5 脉冲宽度选择标准

管径范围(mm)	脉冲宽度(μs)
1 500~2 000	16
2 000~3 000	20
3 000~5 000	25~30

C.0.6 探头的发射和接收部位必须超过浮筏或有缆遥控水下机器人的边缘。

C.0.7 声呐探头放入管渠起始位置时,必须将电缆计数测量仪归零。

C.0.8 声呐探头的推进方向应与水流方向一致,且与管渠轴线一致。滚动传感器标志应朝正上方。声呐探头应保持相对管壁距离无变化的直线运动轨迹,并保持匀速。

C.0.9 探头行进速度不宜超过 0.1 m/s。

C.0.10 在声呐探头前进或后退时,电缆应保持绷紧状态。

C.0.11 以普查为目的的采样点间距约为 5 m,其他检查采样点间距约为 2 m,存在异常的管段应加密采集。检测宜采用具备自动采样跟踪测量功能的声呐设备。

C.0.12 轮廓判读与测量应满足下列要求:

1 规定间隔和图形变异处的轮廓图必须现场捕捉;必要时,通过电视检测拍照核实。

2 经校准后的线状测量误差应小于 3%。

3 系统设置的长度单位应为"m"。

4 轮廓图不应作为结构性缺陷的最终评判依据,应用电视检测方式予以证实或以其他准确方式检测评估。

附录 D 特大排水管渠监测点埋设原则

D.0.1 特大排水管渠监测点宜埋设在离施工影响最近的管节变形缝附近。

D.0.2 监测点宜成对埋设在变形缝两侧及结构边两侧。

D.0.3 监测点埋设方式宜参照图 D.0.3-1～图 D.0.3-4。

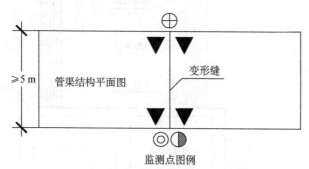

监测点图例

▼ 管渠结构竖向位移与水平位移监测点

◎ 周边地表竖向位移剖面监测点

⊕ 土体深层水平位移监测点

◑ 土体分层竖向位移监测点

图 D.0.3-1 管渠结构监测点布设平面示意图

图 D. 0. 3-2　管渠结构监测点布设剖面示意图

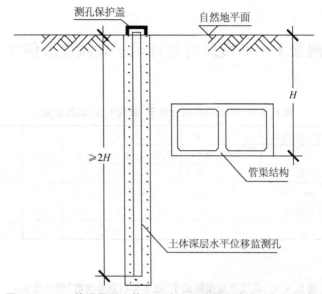

图 D. 0. 3-3　管渠周围土体深层水平位移监测点布设剖面示意图

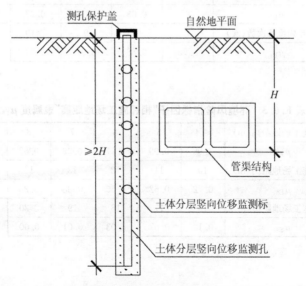

图 D. 0. 3-4　管渠周围土体分层竖向位移监测点布设剖面示意图

附录 E 环境风险指标因子隶属度取值表

表 E.0.1 环境风险指标因子"服役年份"隶属度 μ_{E1}

服役年份(年)	≤10	11	12	13	14	15	16
μ_{E1}	0.00	0.01	0.02	0.05	0.08	0.13	0.18
服役年份(年)	17	18	19	20	21	22	23
μ_{E1}	0.25	0.32	0.41	0.50	0.60	0.68	0.76
服役年份(年)	24	25	26	27	28	≥29	
μ_{E1}	0.82	0.88	0.92	0.96	0.98	1.00	

表 E.0.2 环境风险指标因子"近 5 年内维修次数"隶属度 μ_{E3}

近 5 年内维修次数(次)	≤2	3	4	5	6
μ_{E3}	0	0.03	0.13	0.28	0.50
近 5 年内维修次数(次)	7	8	9	≥10	
μ_{E3}	0.72	0.88	0.97	1.00	

表 E.0.3 环境风险指标因子"相邻施工场地距离"隶属度 μ_{E8}

相邻施工场地距离(m)	≤4	5	6	7	8	9
μ_{E8}	1.00	0.99	0.97	0.93	0.88	0.80
相邻施工场地距离(m)	10	11	12	13	14	15
μ_{E8}	0.72	0.62	0.50	0.38	0.28	0.20
相邻施工场地距离(m)	16	17	18	19	≥20	
μ_{E8}	0.13	0.07	0.03	0.01	0.00	

本规程用词说明

1 为便于在执行本规程条文时区别对待,对于要求严格程度不同的用词,说明如下:

  1)表示很严格,非这样做不可的用词:

    正面词采用"必须";

    反面词采用"严禁"。

  2)表示严格,在正常情况下均应这样做的用词:

    正面词采用"应";

    反面词采用"不应"或"不得"。

  3)表示允许稍有选择,在条件许可时首先应这样做的用词:

    正面词采用"宜";

    反面词采用"不宜"。

  4)表示有选择,在一定条件下可以这样做的用词,采用"可"。

2 条文中指定应按其他有关标准、规范执行时,写法为"应符合……的规定"。非必须按指定的标准、规范或其他规定执行时,写法为"可参照……"。

引用标准名录

GB 50010	混凝土结构设计规范
GB 50332	给水排水工程管道结构设计规范
GB/T 1172	黑色金属硬度及强度换算值
GB/T 17394.1	金属材料里氏硬度试验
GB/T 50784	混凝土结构现场检测技术标准
GB/T 22239	信息系统安全等级保护基本要求
CECS 21	超声法检测混凝土缺陷技术规程
CECS 145	给水排水工程埋地矩形管管道结构设计规程
CJJ 6	城镇排水管道维护安全技术规程
CJJ/T 7	城市工程地球物理探测标准
CJJ/T 8	城市测量规范
CJJ 61	城市地下管线探测技术规程
CJJ 68	城镇排水管渠与泵站运行、维护及安全技术规程
CJJ 181	城镇排水管道检测与评估技术规程
DL/T 5251	水工混凝土建筑物缺陷检测和评估技术规程
JGJ 8	建筑变形测量规范
JGJ/T 23	回弹法检测混凝土抗压强度技术规程
JGJ/T 152	混凝土中钢筋检测技术规程
JGJ/T 384	钻芯法检测混凝土强度技术规程
JGJT 411	冲击回波法检测混凝土缺陷技术规程

JGJ/T 437	城市地下病害体综合探测与风险评估技术标准
DB31/T 444	排水管道电视和声呐检测评估技术规程
DG/TJ 08—2001	基坑工程施工监测规程
DG/TJ 08—2271	工程物探技术标准
DGJ 08—11	地基基础设计标准
DG/TJ 08—61	基坑工程技术标准

上海市地方标准化指导性技术文件

特大排水管渠结构检测评估技术规程

DB31 SW/Z 025—2022

条文说明

2022　上海

目　次

1 总 则

1.0.1 本条规定了编制本规程的宗旨和目的。目前,上海对排水管道结构检测主要针对中小口径管道,以电视检测为主,且主要以图像形式评价结构的损坏状况;而管径大于 1.5 m 或截面积大于 1.766 m² 的特大管渠,通常为高水位运行,断流难度大、成本高,常规电视检测难以实施。鉴于特大排水管渠的重要性,须从环境风险、结构性能和结构承载力等多方面进行检测评估,目前国内尚无相应的检测标准。因此,为了规范现有检测评估技术要求,保证检测评估质量,特制定本规程。对于管径为 1.0 m～1.5 m 或截面积为 0.785 m²～1.766 m² 的大型排水管渠的检测评估也可参照使用。

1.0.2 本条规定了本规程的适用范围以及主要检测工作内容。特大排水管渠的检测方法及内容较多,一般包括环境现状调查、结构性能检测、结构变形监测、结构安全评估以及信息管理等内容。在实际检测评估作业中,可根据现场情况及需要予以选择其中 1 项或全部内容。

2 术语和符号

2.1 术 语

2.1.1~2.1.18 规定了本规程中术语及其含义确定的原则。本规程采用的术语及其含义,是根据下列原则确定的:

    1   凡现行工程建设国家标准已规定的,一律加以引用,不再另行给出定义和说明。

    2   凡现行工程建设国家标准尚未规定的,由本规程自行给出定义和说明。

    3   当现行工程建设国家标准已有该术语及其说明,但未按准确的表达方式定义或定义所概括的内容不全时,由本规程完善其定义和说明。

3 基本规定

3.0.1 本条规定了特大排水管渠结构检测评估涉及的主要内容。特大排水管渠结构检测及评估内容应根据管渠服役时间、接口形式、运行工况及周边环境等因素，并结合工期和经费要求，进行针对性选择。一般可采用定期结构检测评估和专项结构检测评估两种方式。定期结构检测评估主要用于常规性、例行性检测，也称为普查，侧重于发现是否有隐患及其大致分布区域，以环境现场调查要素（服役年限、运行工况、土体密实情况、渗漏情况）为主体，并以一定抽样间隔选取代表性断面开展结构性能检测，并进行评估。专项结构检测评估，也称为精查，主要根据普查发现隐患结果或周边有施工影响管渠安全时在局部管段开展的精细化检测评估；检测管段对象要聚焦，可采用更精细、更综合的检测与监测方法进行更全面的检测评估，取得更可信的成果。本规程第 4～7 章规定的检测方法和内容均可用于定期和专项结构检测评估。

3.0.2 本条规定了排水管渠定期结构检测评估的周期。定期结构检测评估，检测区间覆盖面较广，主要以普查形式开展。检测周期的规定主要参考了行业标准《城镇排水管渠与泵站运行、维护及安全技术规程》CJJ 68—2016 第 3.5.4 条，并基于工程经验，结合排水管渠的结构腐蚀规律制定。

3.0.7 本条规定了特大排水管渠受检位置的编码方式。如污水治理一期工程 16 号检查井下游 3.56 km 处检测断面的编号为"WSZL1J16 K3＋560"，污水治理一期工程 16 号检查井下游 3.56 km～3.88 km 受检区间的编号为"[WSZL1J16 K3＋560，WSZL1J16 K3＋880]"。

3.0.10 本条规定了现场检测中的安全工作要求。管道检测时，除了检测工作以外，现场还有大量的准备性和辅助性的作业，例如封堵、清淤、清洗、抽水等。由于排水管道内部环境恶劣，气体成分复杂，常常存在有毒和易燃、易爆气体，稍有不慎或检测设备防爆性差，容易造成人员中毒或爆炸伤人事故，检测中首要工作是必须做好安全生产，严格遵守国家安全标准。

4 环境现状调查

4.1 一般规定

4.1.4 本条规定了管渠环境调查及检测范围要求。在管渠边界位置资料缺失或不准确时，环境调查及检测范围应根据实际情况进行调整。根据《上海市排水与污水处理条例》第四十三条"污水输送干线管道、直径八百毫米以上的排水管道或者排水泵站(以下统称重要设施)的保护范围为设施外侧二十米内"，故环境调查及检测范围不应小于管渠结构外边线向外 20 m。同时，根据上海市工程建设规范《基坑工程技术标准》DG/TJ 08—61—2018 第 4.5.1 条，应对基坑边缘以外 2 倍~4 倍基坑开挖深度范围内重要建(构)筑物的状况进行调查，故当存在基坑时，环境调查及检测范围应不小于 4 倍基坑开挖深度和 20 m 中的较大值。此外，根据上海市工程建设规范《地基基础设计标准》DGJ 08—11—2018 第 16.7.1 条第 5 款，应对 3 倍桩的入土深度范围内环境状况进行调查，故当存在桩基工程时，环境调查及检测范围应不小于 3 倍桩的入土深度和 20 m 中的较大值。

4.1.5 本条规定了特大排水管渠探测断面布置的间距要求。对于管渠全线普查的直线段定位断面间距，可按本条规定；针对管渠局部位置精细探测项目，可根据实际情况加密断面间距。

4.1.6 本条规定参照行业标准《城市地下管线探测技术规程》CJJ 61—2017。

4.1.7 本条规定了特大排水管渠结构定位与渗漏探测的点位测量精度。由于测量中误差习惯上用"±"表示误差范围，故条文中用中误差的绝对值来进行表述。

4.2 资料调绘

4.2.1 本条规定了现有特大排水管渠资料调绘的内容。应搜集测区内管渠及其附属设施资料,周边其他地下管线、主要建(构)筑物、市政设施等相关资料,地质资料及地形图,用于综合比对分析。

4.2.3 本条规定了特大排水管渠调绘图编绘的技术要求。把所有搜集的资料进行整理、分类,按照管渠(管道、箱涵)位置、附属设施(透气井、阀门井、检查井等)、泵站、材质、圆形管道管径、箱涵孔数、周边地下管线及其主要构筑物等管渠属性转绘到基本比例尺地形图上,形成特大排水管渠现状调绘图,并标注相关资料的来源,以便于分析资料的可信程度,利于现场探测作业。

4.3 现场调查

4.3.1~4.3.4 规定了现场调查的工作内容和成果图要求。检测单位应在特大排水管渠现状调绘工作完成后对作业区域进行现场调查,了解作业区域内各种情况和自然条件,核查现状调绘资料的可利用程度,并形成记录,根据现场情况初步拟定作业区域内可采用的探测方法技术以及方法试验的最佳场地。

4.4 管渠位置探查

4.4.1 本条规定了需要开展管渠精确位置探查工作的情况,主要适用于专项结构检测。特大排水管渠由于年代久远,有时档案管理不善,容易导致资料缺失,造成管渠现场位置不准确。在特大排水管渠敷设在非市政用地范围、侵入小区用地内部或周边存在可能影响管渠安全的施工活动等情况下,必须在调查中精确探明管渠位置,为后续结构检测评估提供依据。

4.4.3 本条规定了管渠位置探查的常用方法及选用原则。管渠位置探查通常采用物探手段,由于物探工作存在多解性,单一物探手段往往无法实现精确探测的目标,需要多种方法综合运用。实际工程中应结合管渠环境及埋深情况,选择最优的物探手段,也可不局限于这些方法,鼓励采用新的探测方法和技术。

4.5 管渠周边环境病害调查

4.5.1 本条规定了需要开展管渠周边环境病害探测的情况。当管渠沿线出现肉眼可见的地面沉陷、污水外溢或异常积水等情况时,往往表明管渠可能出现了损坏或渗漏情况,需要对管渠周边的环境病害情况实施检测。

4.5.2 本条规定了管渠周边环境病害的常见类型及探测要求。管渠周边环境病害包括管渠周边路面脱空、土体空洞、地下疏松体以及地面异常积水等,这些病害往往与管渠接口变形、错位、橡胶止水带破裂及其导致的管渠内渗和外渗有较大相关性,一定程度上是管渠结构病害严重化的外部表征。管渠内渗通常导致管渠周边水土流失,进一步引起路面脱空、土体空洞、地面塌陷。压力管渠外渗会导致污水冒溢、污染环境。

4.5.5 本条规定了管渠渗漏探测成果应包含的内容。管渠渗漏探测成果应从渗漏位置和渗漏严重程度两个层面对管渠渗漏进行分类评价。渗漏位置宜标明管渠顶部渗漏、侧壁渗漏和底部渗漏三种情况。渗漏严重程度宜根据探测剖面异常面积与管渠横截面积的比例分为轻微渗漏(比例小于等于 0.5 倍)、中等渗漏(比例介于 0.5 倍～1.5 倍之间)、严重渗漏(比例大于 1.5 倍)三个等级。

4.5.6 本条规定了探测成果应进行核查与验证。由于工程物探资料解释的成果具有多解性，必要时应采用其他直接手段进行验证，如开挖、触探，也可对隐患区取水样进行室内化验分析，以验证渗漏水的来源。

5 结构性能检测

5.1 一般规定

5.1.4 本条规定了从管渠内部进行结构性能检测的条件。从保障设备安全和检测效果的角度出发，合适的水位和流速是从管渠内部开展结构性能检测的必要条件，当日常运行的管渠水位和流速不符合检测条件时，须相关泵站配合改变水位或流速以便于检测。同时，当有线检测设备的数据线长度或无线检测设备的有效信号距离小于受检管道区段上下游检查井间距，无法一次性完成该区段检测时，须分段检测。

5.1.5 本条规定了管外检测实现的几种方式及注意的安全事项。管渠结构强度、结构参数和材料耐久性检测的必要条件包括结构面暴露于空气、操作设备在结构面上进行接触性检测、检测期间须保障人员安全。对于正常运行的特大管渠，管内水位较高、流速较大，不具备上述条件，仅能在管渠外部局部开挖暴露出结构面后检测。由于特大排水管渠往往埋设较深，有的达 10 m～15 m，开挖时容易导致开挖井壁坍塌，因此，必须特别注意开挖井安全，做好围护措施，可采用钢套筒等方式确保围护体安全，防止检测期间土体坍塌。

5.1.6 本条规定了无损检测与破损检测方法的选用原则。无损检测技术属于间接检测手段，检测结果常常存在一定的多解性。因此，对无损检测技术发现的异常，应采用破损取样等方式进行验证，进一步排除多解性，明确检测异常对应的结构异常特征。而当破损取样检测无法实施时，可以通过两种或以上的无损检测技术从不同物理参数获取异常信息，并通过相互印证进一步明确异常的情况,提高检测结果的准确性。

5.1.7 本条规定了破损位置修复的原则。本条对破损位置修复的及时性和修补材料强度做出要求,主要目的是为了保证管渠结构的工作性能,避免因破损取样检测降低管渠结构性能。

5.1.8 本条规定了检测单元的抽样原则。结构性能检测单元应选择易发生隐患或有代表性的单元进行。应重点检测已存在明显结构问题、可能存在结构问题或需要结构改动的管段,已知存在结构严重损坏、污水外溢或地面塌陷的区域管段,相邻施工、偶然事件或其他灾害影响等外部环境作用影响范围内管段,支管接入位置与倒虹管上下游、跌落井等管道高程落差位置所在管段或断面,易产生明显的紊流造成硫化氢气体从液相中释放对管壁结构造成腐蚀影响管段等。延长设计使用年限、改造、修复或加固属于未来需要继续使用或结构改动的情况,为是否延长管渠设计使用年限做出决策或为结构设计提供依据,也需进行结构性能检测,与现行国家标准《混凝土结构设计规范》GB 50010 要求一致。

5.1.9 本条规定了管渠表观缺陷检测及材料强度、构件尺寸、材料耐久性检测的后续工作。表观缺陷检测是表观缺陷评估的基础,材料强度、构件尺寸、材料耐久性检测是结构承载力评估的基础,表观缺陷等级则作为判定是否进一步开展材料强度、构件尺寸、材料耐久性检测和结构承载力评估的依据。

5.2 结构表观缺陷检测

5.2.1 本条规定了管渠结构表观缺陷检测内容。现行上海市地方标准《排水管道电视和声呐检测评估技术规程》DB31/T 444 与现行行业标准《城镇排水管道检测与评估技术规程》CJJ 181 中的"结构性缺陷"本质上是通过电视检测所观察到的管渠结构表面缺陷,并不包括结构内部缺陷,故本节中将"结构性缺陷"改称为"结构表观缺陷"。本规程中"结构表观缺陷"所包含的缺陷类型、缺陷等级和权重参考了现行上海市地方标准《排水管道电视和声呐检测评估技术规程》DB31/T 444 中的"结构性缺陷"对应内容，但舍弃了结构性缺陷中仅适用于柔性管的横截面"变形"缺陷。缺陷定义和缺陷描述则主要沿用了现行行业标准《城镇排水管道检测与评估技术规程》CJJ 181 的相关规定，并结合特大排水管渠的大管径、大刚度的特点修改了"错位"缺陷的不同等级缺陷描述，舍弃了仅适用于柔性管的横截面"变形"缺陷。此外，将缺陷名称及分级标准设置在附录 A 中供执行，将实际工程中搜集的特大排水箱涵和圆管的缺陷照片展示于附录 B 中方便命名。

5.2.2 本条规定了管渠结构表观缺陷检测方法。激光扫描方法包括三维激光扫描和二维激光扫描。三维激光扫描可获得管渠液面上方管壁表面三维点云模型，二维激光扫描可获得管渠液面上方管壁横断面轮廓线，通过与设计图纸对比，可定量了解管壁结构腐蚀深度。在空间符合作业条件时，可采用潜水员进入管渠方式用人工测量结构腐蚀深度。

5.2.3 本条规定了管渠内部结构表观缺陷检测的重点部位。根据特大排水管渠结构腐蚀原理与规律研究，腐蚀原理是沉积在管道底部粘泥层中所含的硫酸根离子被硫还原菌还原生成硫化氢，硫化氢逸入管渠上部空间，与管壁接触，并与细菌产生生化反应，生成硫酸，混凝土管壁在硫酸的作用下导致腐蚀。通过大量检测数据发现，对于箱涵，各构件腐蚀程度从重到轻依次是顶板、腋角、侧墙（干湿交替处）、底板；对于圆管，各部位腐蚀程度从重到轻依次是管顶、管壁干湿交替处、管底。

5.2.4 本条规定了管内电视检测方法不同搭载平台的适用条件。电视检测是在特大排水管渠内壁无污物遮盖的情况下拍摄管渠内水面以上的内壁状况，观察、记录结构表观缺陷，包括破裂、腐蚀、渗漏、错位、脱节、胶圈脱落、支管暗接、异物穿入等。传统的电视检测设备主要为搭载摄像头的轮式爬行器，对水位要求苛刻。实际工程中，主要适用于可控制水位的中小管径管道，对难以降低液面的特大排水管渠不适用。随着技术发展，电视摄像头搭载平台已不再拘泥于轮式爬行器，无人机、有缆遥控水下机器人、动力浮筏等新型搭载平台产品层出不穷，扩展了电视检测的适用场景。无人机采用空气动力，不受流速和管底标高落差影响，由于本身尺寸要求，需要求液面上方空间不小于 1.5 m。有缆遥控水下机器人、漂流浮筏和动力浮筏可在顶部搭载高清摄像装置、在底部搭载声呐装置，具备同时测得水面以上和水面以下的管道状况的能力，但从设备拍摄稳定和安全回收的要求出发，流速不宜超过 1 m/s、液面上方空间不宜小于 0.5 m，液面上方空间过小会导致浮筏被自身浮力顶在管顶而无法前进或回收，同时也无法拍摄。同时，管内高落差区段会导致设备翻车、在管口直角位置卡住无法收回，管内障碍物会导致设备无法前进或绊住线缆。

5.2.5 本条规定了声呐检测方法的适用条件。声波在水中有良好的穿透性，利用水和其他物质对声波的吸收能力不同，主动声呐装置向水中发射声波，通过接收水下物体的反射回波发现目标，目标距离可通过发射脉冲和回波到达的时间差进行测算，经计算机处理后，形成管渠的二维横断面图或三维声场图像，根据声呐检测取得的管壁结构内表面伪彩色图像进行缺陷程度定性判断，可直观了解管渠内壁水下结构较明显的表观病害，精度达厘米级。声呐检测的必要条件是管渠内应有足够的水深，300 mm 的水深是设备淹没在水下的最低要求。流速的要求主要是从声呐搭载平台的工作稳定性和安全性出发，防止流速过快导致声呐搭载平台在水力冲刷作用下剧烈晃动并影响设备的回收。

5.3 材料强度检测

5.3.2 本条规定了管渠材料强度检测的现场实施方式。实际工程中，特大管渠受检过程中多处于正常运行状态，难以安排人员进入管渠进行结构检测,故可选择外部检测方式实施。

5.3.3,5.3.4 规定了管渠结构混凝土抗压强度检测方法。管渠结构混凝土强度可通过无损检测和微破损方法开展。无损检测方法主要为回弹法,通过混凝土表面硬度与强度之间的关系推定混凝土强度,其适用条件为结构表面光洁、干燥,且测点不能布置于骨料和蜂窝麻面部位。实际工程中,运行数年的管渠结构内表面往往结垢,需清除表面垢物后,参照规程对内表面的平整接结构面进行检测;当管壁内表面存在腐蚀导致粗骨料外露时,不具备回弹检测条件,仅能采用微破损方法(钻芯法)检测;管渠结构外表面(与土接触面)在适当打磨处理后通常满足检测条件。

5.3.5 本条规定了管渠结构钢筋检测方法。管渠结构钢筋检测时,可根据现场条件,凿出钢筋或对暴露的钢筋打磨除锈后按照现行国家标准《金属材料里氏硬度试验》GB/T 17394.1 和《黑色金属硬度及强度换算值》GB/T 1172 采用里氏硬度法进行钢筋抗拉强度的现场检测;当不具备条件时,可截取钢筋样品在实验室内开展钢筋抗拉强度试验。

5.4 构件尺寸检测

5.4.1 本条规定了管渠构件尺寸检测内容及实施方式。由于管渠壁厚、钢筋分布等构件相关尺寸信息无法通过管内 CCTV 检测方式获得,故可通过在管渠外面地面或者开挖揭露出的管渠外表面位置实施检测。

5.4.2 本条规定了构件尺寸不同检测方法的适用范围。阵列式超声波法、探地雷达法、冲击回波法、电磁感应法等无损检测方法均存在各自的适用范围,如阵列式超声波法对检测对象的表面的平整度要求高,探地雷达法对钢筋密集的管壁测试深度有限,冲击回波法仅能点状获取目标物厚度,电磁感应法仅能获取表层钢筋的数据。同时这些方法均存在多解性问题,对于各方法检测结果,应综合管渠结构基础资料进行综合解释,同时宜综合运用多种方法,克服单一方法的局限性,降低多解性,最终提高检测结果的准确性。当无损检测方法无法得出一致性结果时,应采用直接法进行检测。

5.5 材料耐久性检测

5.5.1~5.5.3 规定了管涵材料耐久性检测内容、实施方式及方法。特大排水管渠混凝土结构长期与污水、地下水接触,材料存在渐进化学腐蚀,影响结构耐久性。特大排水管渠设计使用年限多为 50 年,在耐久性降低情况下,可能无法正常使用至设计使用年限。通过材料耐久性检测,掌握特大排水管渠耐久性现状,为改造加固提供依据。

5.6 检测实施

5.6.1 本条规定了阵列式超声波法检测原则。阵列式超声波法是通过获取超声波在目标体中传播速度差异以及传播时间等特征对管渠结构内部钢筋、构件厚度、内部缺陷等情况进行检测。基于上述原理,为了取得更可靠的检查结果,使用该方法时应遵循相应的原则。

    2 表面平整、干净,方能保证设备的所有超声收发探头均能与检测对象表面良好耦合,保证超声波收发的能量强度,获取高质量的数据。

    3 由于超声波传播距离及检测分辨率等均与其频率密切相关,但传播距离与分辨率常常难以兼顾,通常情况下为了获取更大厚度检测数据时,应选择低频的超声波实施检测;但低频超声波分辨率又相对较低,无法识别深部的微小信息。但总体上可遵循小厚度用高频以获取高分辨率的检测结果,大厚度则选用低频以获取深部信息,但存在微小目标损失的情况。现场检测时,建议根据目标管渠的厚度等情况通过多种频率试验确定最佳的检测主频。

　　4　管渠结构中的钢筋与混凝土在波速和密度等方面均存在的较大的差异。由于主筋较粗,如果测线与其平行且几乎位于其正上方时,主筋便会对超声波信号形成一定的强反射屏蔽效应,影响其下方目标物的检测,因此现场实施应尽量布置网格状测线,从多角度全方位获取检测信息。

　　5　阵列式超声波法可获取管渠内部的三维速度分布数据。为了更好地了解管渠结构的厚度、钢筋分布、缺陷信息等,资料处理和解释时宜采用合成孔径等专业算法,同时鼓励高精度的算法研发,以提高检测精度。解释时,应从横剖面、纵剖面、平剖面等多维度分析数据,并综合管渠设计等资料。

　　6　阵列式超声波检测结果具有一定的专业性,为了更好地让成果使用单位理解和使用,应按照本款的规则提供成果资料。

5.6.2　本条规定了探地雷达法检测原则。探地雷达法是根据高频电磁波在管渠结构内部传播的速度、能量、路径等信息来获取其内部的钢筋布置、构件厚度及内部缺陷。由于钢筋等金属介质对电磁波有强烈干扰,同时其穿透深度及分辨率也与信号频率密切相关,为了更好地使用探地雷达法,本条规定了该方法实施时应遵循的基本原则。

　　1　由于特大排水管渠结构壁厚通常小于1 m,对于此类混凝土板状结构,应选用相对高频(400 MHz～2.6 GHz)的雷达天线实施探测,同时遵循“小厚度选高频,大厚度选低频”的原则,最大限度地兼顾分辨率和探测深度。具体频率宜根据目标体设计厚度通过现场试验确定。

　　2　由于雷达天线的电磁波是全空间发射的,为了减小非目标区域回波干扰,应优先选择屏蔽天线,以进一步降低干扰,提高检测的可靠性。

7 由于雷达剖面图像的解译与分析要求一定的专业性，为提高结果的可读性，应按照本款规定在雷达检测图像上对异常等信息进行相应的解释圈定。

6 结构变形监测

6.1 一般规定

6.1.1 本条规定了应进行结构变形定期监测或专项监测的情况。为掌握特大排水管渠的变形动态,保障其安全运营,降低故障概率,应由具备专业资质的单位对特大排水管渠进行结构变形监测。特大排水管渠的结构变形监测包含专项监测与定期监测。专项监测为管渠结构周边有桩基、基坑、堆载及穿越等工程施工活动时,对管渠结构实施的施工期影响时空范围内的专项监测工作;定期监测主要针对任一项评估等级为Ⅲ级及以上的特大排水管渠,对病害缺陷显著、地质条件复杂及外部影响明显等重点部位开展的结构变形定期监测工作。当管理部门有特殊需要时,可对特大排水管渠实施长期结构变形监测,以分析管渠结构在较长时间范围内变形发展趋势。

6.1.2 本条规定了结构变形监测方案的编制依据和实施前提。为确保特大排水管渠结构变形监测工作更具有针对性,监测开展前必须收集管渠设计资料、安全评估报告、外部施工条件、管渠管理单位要求等相关资料与要求,经现场踏勘后,编制可实施的变形监测方案并经管渠管理部门审批通过后方可实施。

6.1.3 本条规定了监测方法的确定原则。特大排水管渠监测方法的选择应结合监测项目、现场实施条件、保护要求、相关经验和方法适用性等因素综合确定,监测方法应合理易行。本规程针对特大排水管渠结构变形监测的监测方法和要求进行了规定,更多内容可以参照现行上海市相关标准的有关规定。

6.1.4 本条规定了变形监测的方式。特大排水管渠结构变形监测包括仪器监测和现场巡视,多种监测方法互为补充、相互验证,以便及时、准确地分析与判断管渠结构的安全状态。仪器监测可以取得定量的数据,进行定量分析;以目测为主的现场巡视更加及时,可以起到定性、补充的作用,从而避免片面地分析和处理问题。现场巡视宜以目测为主,可辅以锤、钎、量尺、放大镜等简单的工器具以及摄像、摄影等设备进行,这样的检查方法速度快、周期短,可以及时弥补仪器监测的不足。当管渠结构现状较差、抗变形能力较弱或可能会受到较大的外部施工影响以及人工监测环境条件不允许时,宜采用自动化监测手段实施实时监测,确保管渠结构的安全。

6.1.5 本条规定了变形监测仪器的要求。本条规定是保证监测数据可靠、真实的前提条件,也是国家计量法规的基本要求。监测传感器的完好程度是获取可靠监测数据的前提,如埋入不合格的传感器则可能引起数据失真从而造成监控盲区,关键部位监测数据失真可能威胁到管渠结构的安全运行。

6.1.6 本条规定了结构变形监测的管理方式以及信息系统宜具备的基本功能。为确保特大排水管渠结构的安全,本条鼓励应用稳定、可靠的信息化管理系统,信息系统宜包含数据自动采集系统、数据传输系统、数据分析与处理系统、数据查询与可视化系统以及数据存储管理系统等。本条对信息化系统的数据存储和系统运维等应用环节明确了相关要求。

6.2 监测内容

6.2.1 本条规定了监测内容的确定原则。管渠结构变形监测内容应结合现场条件、施工方法、结构评估状况以及设计与管理部门要求综合确定。限于测试手段、精度及现场条件,某一单项的监测结果往往不能揭示和反映管渠结构的整体情况,须形成一个有效、完整并与施工方法相适应的监测系统并跟踪监测,才能提供完整、系统的监测数据和资料,才能通过监测项目之间的内在联系做出准确的分析和判断,为管渠结构安全运行与否提供可靠的依据。当然,选择监测项目还要注意控制费用,在保证监测质量和管渠结构安全运行的前提条件下,通过周密地考虑,去除不必要的监测项目。

6.2.2 本条规定了特大排水管渠结构的监测项目。本条列出了特大排水管渠结构的监测项目,这些项目是经过相关工程经验,同时结合现行的有关标准,并考虑了我国目前工程监测技术水平后提出的。监测项目的选择既关系到管渠结构的安全,也关系到监测费用的大小。盲目减少监测项目很可能因小失大,造成严重的安全事故和更大的经济损失,得不偿失;随意增加监测项目也会造成不必要的浪费。对于特大排水管渠结构,必须始终把安全运行放在第一位,在此前提下可以根据相关因素有目的、有针对地选择监测项目。

6.2.3 本条规定了专项监测的应测项目与选测项目。本条提供了特大排水管渠结构周边进行不同施工活动时,针对管渠结构变形专项监测的应测项目与选测项目,同时明确了定期监测应实施的监测项目与宜实施的监测项目。长期监测的监测项目确定可以参照定期监测,或根据管理部门的要求确定。

6.2.4 本条规定了外部施工影响下的管渠结构专项监测的范围。邻近管渠结构的外部施工可能对管渠结构产生一定程度的影响,因此,管渠结构变形监测范围的确定至关重要。监测范围将直接影响到有关方面的建设投资,应当合理地确定安全保护范围,既要充分保证管渠结构的安全性,又不至于盲目扩大安全监测范围内相关工程的建设投资。除了满足本条要求外,监测范围的确定还应满足特大排水管渠保护区的有关规定。

1 在挤土桩施工过程中,由于沉桩产生的挤土效应,破坏了桩周土体的原来状态,产生很高的附加应力,使土体向周围位移,并向上隆起,给邻近既有管渠结构带来一定程度的影响,甚至使之破坏。桩的挤土机理非常复杂,除与建筑场地土的性质有关外,还与桩基数量、分布密度、沉桩速度、沉桩顺序等因素密切相关;在同一测点上,水平位移一般比竖向位移大;群桩挤土的影响范围比单桩更大。

根据国内外研究成果与上海地区的工程实践经验,沉桩挤土效应的影响范围距桩基边缘的水平距离大约为$(1.0\sim1.5)l$(l为桩的入土深度)。据此,对挤土桩施工划定了管渠结构的监测范围不应小于1.5倍的桩长范围;对非挤土桩,考虑其影响范围较小,对其监测范围进行了适当减小,为不宜小于1倍的桩长范围。

2 基坑工程开挖在其影响范围内不同位置的地表沉降量并不相同,距离基坑的远近会显著影响周边管渠结构的变形量,且与地表沉降的相关性很大。依据现行上海市工程建设规范《基坑工程技术标准》DG/TJ 08—61相关条文,根据上海软土地区若干基坑工程的墙后地表沉降数据统计分析,基坑的墙后最大地表沉降一般发生于$(0\sim1.0)H$处,并大约在$(1.0\sim4.0)H$(H为基坑设计开挖深度)的范围内逐渐衰减。因此,针对基坑工程施工影响,管渠结构监测范围为自基坑开挖区域正对管渠结构并向两侧延伸不应小于3倍的基坑设计开挖深度。

3 堆卸载施工对邻近管渠结构会产生一定程度的影响,可能引起管渠结构周围土体发生水平位移与竖向隆沉,从而导致管渠结构的挠曲、水平向或竖向变形过大,管渠结构产生过大的附加应力以至于超出承载能力,影响管渠安全运行。管渠结构上方或两侧地表堆卸载是导致管渠结构纵向不均匀沉降或水平向变形缝错开的重要因素之一。堆卸载对管渠结构的影响程度,不仅与堆卸载的面积、强度及时间等因素有很大关系,还与管渠的埋深、结构形式等因素有关。综合考虑相关因素,监测范围确定为堆卸载区域正对管渠结构并向两侧延伸长度不应小于50 m。

4 盾构、顶管穿越施工易引起已建的特大排水管渠结构下方土体扰动,使得管渠结构下方土层压缩模量比穿越前有所降低,管渠结构下方受扰动土层的长期次固结沉降往往比管渠结构修建完成后基础自然沉降的范围大,沉降稳定的时间长。结合上海地区地质情况,监测范围不应小于盾构或顶管轴线至3倍盾构或顶管中心埋深的区域。

6.2.5 本条规定了管渠保护区内外部施工宜进行自动化监测的情况。自动化监测具有精度高、可全过程连续监测、数据处理与反馈快捷等特点。因此,当特大排水管渠保护区内存在风险较大或复杂近距离的外部施工时,宜采取实时自动化监测手段,及时预警可能对管渠结构安全运行造成的风险。特大排水管渠结构竖向位移自动化监测可采用静力水准仪,管渠结构变形缝相对变形的自动化监测可采用振弦式裂缝计,周围土体深层水平位移自动化监测可采用固定式测斜仪。自动化仪器设备的选型应满足工程项目的需要,并应采取必要的保护措施以保证自动化仪器设备的正常运行。

6.2.6 本条规定了自动化监测系统的技术要求。本着"实用、可靠、先进、经济"的原则,为确保特大排水管渠结构的安全运行,本规程鼓励采用稳定、可靠的自动化设备和技术,并对自动化监测的应用明确了技术要求。

6.3 监测点布置

6.3.1 本条规定了基准点的布点要求及检验其稳定性的措施。基准点和工作基点如果在监测期间不稳定或被破坏,这将对监测工作带来很大的危害,导致数据不连续或无法解释。必须采取有效措施对基准点和工作基点予以保护,并定期检验其稳定性。

6.3.2 本条提出了监测点布设的要求。管渠结构不同监测项目的监测点宜布置在同一断面上,以便进行关联性印证分析,布设监测点时需要统筹考虑。监测点的位置应尽可能地反映监测对象的实际受力、变形状态，以保证对监测对象的状态做出准确的判断。监测点的布置位置、深度、方式及措施应保证不妨碍监测对象的安全。当监测点被破坏时，应采取措施及时补设相应测点：如果被破坏监测点在被测对象表面时，应重新设置该监测点；如果被破坏监测点在结构体内，应尽可能在该监测点位置附近布设作用相同或近似的测点进行补救。

6.3.3 本条规定了监测点的埋设作业要求。

4 地表竖向位移剖面监测点应满足与土体协同变形的要求，避免地面硬壳层上直接布设沉降标，如条件允许，宜适当布设地表深层沉降监测点。地表深层沉降监测点布设时需穿透地面硬壳层，沉降标杆采用 Φ25 螺纹钢，螺纹钢应深入原状土不小于 50 cm，沉降标杆外侧采用内径不小于 13 cm 的套管保护，套管内壁与螺纹钢间隙须用黄砂回填，套管顶部设置管盖与地面齐平；为了确保测量精度，螺纹钢标杆顶部宜在管盖下 20 cm 处。

5 土体深层水平位移目前多用测斜仪观测，为真实反映特大排水管渠结构周围土体深层水平位移情况，应保证测斜管的埋设深度。因为测斜仪测出的是相对位移，若以测斜管底部为固定起算基准点，应保持测斜管底端不动，所以要求测斜管管底嵌入稳定的土层中，否则就无法准确推算出各点的水平位移。

6 土体分层竖向位移监测是为了量测不同深度处土体的隆沉情况，目前多采用磁环式分层沉降标结合分层沉降仪进行监测。磁环式分层沉降标监测为一孔多标，沉降标测点的埋设深度与数量应综合考虑管渠结构周边施工活动对土体竖直方向位移的影响范围以及土层的分布。一般情况下，为监控管渠结构附近土体竖向位移情况，竖直方向上沉降标测点应以管渠结构埋设深度中心为基准，上、下以合适的间距布设。

6.4 监测实施

6.4.1 上海市工程建设规范《基坑工程施工监测规程》DG/TJ 08—2001 为目前上海市工程监测地方性标准,该规程主要吸取了上海地区基坑工程监测实例的经验,是地区性经验总结,适用于上海地区工业和民用建筑工程的基坑、市政工程中排管沟槽、隧道支护等。

6.4.2 本条规定了管渠结构专项监测的实施周期。管渠结构专项监测应贯穿于外部施工影响全过程,直至管渠结构变形稳定后方可停止专项监测工作,管渠结构的稳定标准可参照现行行业标准《建筑变形测量规范》JGJ 8 的相关条款。

6.4.3 本条规定了测点初始值获取的原则。初始值测读不及时会造成变形数据的损失,本条强调了监测初始值读取的时间要求。初始值采集的准确性和稳定性将直接关系到以后各次监测数据的质量,要求各监测项目初始值观测次数应不少于 3 次,同时要对初始值进行相对稳定性的判断。稳定值是指在较小范围内变化的初始值且其变化幅度相对于该监测项目的报警值而言很小。

6.4.4 本条规定了专项监测的频率。管渠结构变形监测是确保管渠结构安全的重要手段,本条主要考虑管渠周边进行桩基工程、基坑工程、堆卸载工程、盾构或顶管工程等不同施工活动情况下,对管渠结构实行不同的监测频率,且监测频率需根据施工工况与管渠结构的变形状态等因素不断调整,其基本要求是确保监测数据能准确反映管渠结构变形随时间的变化规律。当监测数据变化速率较大、监测值达到或接近报警值且现场巡视中发现异常情况时,宜提高监测频率,必要时进行跟踪监测。

6.4.5 本条规定了监测报警值确定的原则。确定管渠结构监测项目的监测报警值是一个复杂的过程,要在保证结构安全的前提下,综合考虑周边进行的工程活动质量安全和经济等因素,减少不必要的资源投入。

管渠结构监测报警值不但要控制监测项目的累计变化量,还要注意控制其变化速率,持续过大的变化速率往往是管渠结构破坏事故产生的前兆。

管渠结构变形监测项目报警值由其自身结构特点和已产生的变形共同决定,即与其自身的使用功能、修建年代、结构形式和地基条件等因素密切相关。管渠结构的安全性与其沉降或变形总量有关,总变形量应为管渠结构原有的沉降或变形与周边工程建设活动造成的附加沉降或变形之和,故应结合长期监测变形情况或调查评估管渠结构已产生的变形。修筑年代久远、存在病害危险的特大排水管渠监测项目的报警值宜根据管渠结构专项检测评估报告确定。

6.4.6 本条列出了管渠结构现场监测实施过程中需要发出警情报告并采取加密监测等应急措施的 5 种情况。一旦出现这些情况,将可能严重威胁管渠结构的安全运行,须立即报警,以便管渠管理单位及相关单位及时决策并采取相应应急措施,确保管渠结构的安全。

6.4.7 本条规定了监测成果的组成部分及编制要求。监测成果报告主要包括日报表、阶段成果报告和总结报告。日报表需要在获得各类现场实测资料后,及时进行整理、计算和分析。阶段成果报告可以采用图表、曲线等表现形式,同时应对相关图表、曲线附必要的文字说明。在某个阶段或整个过程的管渠结构监测工作完成后,应形成对应的阶段成果报告与总结报告,对该阶段或整个监测工作进行总结和分析,提出相关分析结论和建议。

7 结构安全评估

7.1 一般规定

7.1.1 本条规定了特大排水管渠结构安全评估的主要内容分三个分项进行,并根据各分项评估情况,决定最终的总体安全评估结论。实际执行中,对某次检测评估工程,三个分项检测可能不一定全部实施,此时可只对已开展检测内容所对应的项目进行评估工作。

7.2 环境风险评估

7.2.3 本条规定了环境风险评估的流程及风险因素综合评价公式。为将环境风险评估由经验为主的直观评判转向以数学模型为基础的综合评判,本规程采用模糊综合评判方法进行环境风险评估。该方法是以 Fuzzy(模糊)数学中的综合评定理论为基础,并运用 Fuzzy 数学中综合评判问题中的主因素决定型 $M(A,V)$ $(A = \min, V = \max)$ 算子的 Fuzzy 矩阵展开式进行计算,结果由指标最大(最大隶属度)的决定,其余指标在一定范围内变化都不影响结果。

7.2.4 本条规定了环境风险因素单指标因子的隶属度和权重确定方法。现行上海市地方标准《排水管道电视和声呐检测评估技术规程》DB31/T 444 及现行行业标准《城镇排水管道检测与评估技术规程》CJJ 181 在环境方面的影响仅考虑了受检管道所处地区重要性和地层条件影响,未考虑到服役年份、历史维修情况、运行条件、环境病害、上部构筑物或堆载以及相邻施工影响的因素,且已考虑的地层条件并未覆盖实际工程中遇到的导致管渠沉降的其他不良地质条件。本条针对上述不足进行了补充。

"服役年份"是本规程新增的影响因子。其风险等级划分主要参考了《排水管道设施电视监测技术规范(案)》(日本下水道协会,2000年)所揭示的管渠平均使用年数与塌陷件数关系规律及上海地区不同服役年份特大排水管渠病害程度差异,由此确定每10年划分为一个风险等级。

　　"地区重要性"因子及其风险等级划分参考了现行上海市地方标准《排水管道电视和声呐检测评估技术规程》DB31/T 444中关于地区重要性等级的划分。

　　"近5年内维修次数"是本规程新增的影响因子。根据上海市南干线、合流一期历史维修次数与实际检测结果的对比,管渠维修频率的增加,可从侧面反映出其劣化程度的加剧和安全风险概率的增大。

　　"运行条件"是本规程新增的影响因子。依据近年来国内外开展的课题研究和实际工程经验,发现钢筋混凝土材质排水管渠的腐蚀状态和规律与其运行状态关系密切。其中,长期满管流/压力流状态对于管渠内部结构腐蚀破坏程度较小,满管流/压力流和非满管流/重力流交替状态下次之,长期非满管流/重力流状态下腐蚀情况最为严重,风险等级分为四级。

　　"地层条件"因子及其风险等级划分方面,现行上海市地方标准《排水管道电视和声呐检测评估技术规程》DB31/T 444主要考虑了一般土层和粉砂层,本规程根据上海地区特大排水管渠所属地质条件调研成果,将地层条件扩充为四类:暗浜(塘)、粉砂或砂质粉土、淤泥质土和其他一般土层。

　　"环境病害"是本规程新增影响因子。因子及其风险等级划分主要针对管渠上部地面空洞现象严重程度,空洞区域的存在将破坏土体整体稳定性,从而对管渠结构造成破坏。

　　"上部有构筑物或堆载"是本规程新增的影响因子。管渠上部存在后来建设的构筑物或堆载将增加管渠结构上部荷载,可能造成管段间错位、渗漏及结构承载力不足。根据上部有构筑物或堆载的规模分为四级。

　　"相邻施工场地距离"是本规程新增的影响因子。随着近年来我国大力发展城市建设,特大排水管渠的地基土可能受到周边邻近的基坑工程、桩基工程、盾构和顶管工程等施工影响而产生沉降或滑移等变形,以及后续导致的管渠接口错位、脱开、渗漏等安全风险。由于相邻地下工程施工原因立项的特大管渠的结构检测评估项目与日俱增,若不考虑施工影响而进行此类评估则显得不尽合理,故本次修订时增加了"相邻施工场地距离"作为环境风险的安全因子之一。其风险等级划分主要参考 2020 年 5 月 1 日起实施的《上海市排水与污水处理条例》规定的不同行政措施所对应的关键施工距离节点。

此外,由于本规程的适用对象为特大排水管渠,有效管径均大于 1 500 mm,根据现行上海市地方标准《排水管道电视和声呐检测评估技术规程》DB31/T 444,其"管道重要性参数"为固定值,对管渠安全评估结果的贡献确定,无须对管道重要性对应风险进行等级划分,故本规程未将管径作为安全影响因子。

环境风险因子中,"地区重要性""运行条件""地层条件""环境病害"和"上部有构筑物或堆载"隶属度 μ_E 的确定基于四种风险等级,主要参考现行上海市地方标准《排水管道电视和声呐检测评估技术规程》DB31/T 444 中"地区重要性"因素的分级方式并根据因素特点作出相应调整;"服役年份""近 5 年内维修次数""相邻施工场地距离"隶属度 μ_E 主要依据 S 型隶属度函数取值,其表达式为

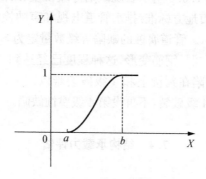

图 1 S 型隶属度函数曲线

$$S(x)=\begin{cases} 0 & x<a \\ 2[(x-a)/(b-a)]^2 & a\leqslant x<(a+b)/2 \\ 1-2[(x-a)/(b-a)]^2 & (a+b)/2\leqslant x<b \\ 1 & x\geqslant b \end{cases} \quad (1)$$

式中:$S(x)$ 为隶属度,x 为影响因子,a 和 b 分别为影响因子取值范围的下限和上限,为方便工程中使用,将常用函数值绘制为取值表表格,详见表 E.0.1~表 E.0.3。

环境风险指标因子权重值 W_E 的确定主要依据专家打分,分析各环境风险指标因子间相对重要性,构造判断矩阵,基于层次分析法计算不同指标因子的相应权重值。

7.3 结构表观缺陷评估

7.3.1 本条规定了管渠结构表观缺陷风险等级划分及处置措施。在进行管段的结构表观缺陷评估时,应根据结构表观缺陷参数 R_F 确定缺陷等级。管段的结构表观缺陷等级仅表征管体结构本身的病害状况,没有考虑外界环境的影响因素。

7.3.3 本条规定了表观缺陷风险等级评定的流程、结构表观缺陷参数 R_F 的计算方法以及各类结构表观缺陷的等级权重和计量单位。其中,表 7.3.3 所示表观缺陷等级权重和计量单位主要参考了现行上海市地方标准《排水管道电视和声呐检测评估技术规程》DB31/T 444。管道腐蚀的缺陷等级数量定为 3 个等级。当腐蚀已经形成了空洞、钢筋变形,这种程度已经达到 4 级破裂,即将坍塌,此时该缺陷在判读上和 4 级破裂难以区分,故将第 4 级腐蚀缺陷纳入第 4 级破裂,不再设第 4 级腐蚀缺陷。

7.4 结构承载力评估

7.4.1 本条规定了结构承载力风险等级的划分、处置措施及结构极限承载力分析和验算采用的技术标准。表7.4.1中 R 和 S 分别为管渠的抗力强度设计值和作用效应组合的设计值,γ_0为结构重要性系数,按相关设计标准的要求确定。

7.4.3～7.4.5 规定了特大排水管渠结构承载力评估参数确定的原则。特大排水管渠结构承载力评估是由于排水管渠结构本体的损伤及外部环境变化导致出现危及结构安全的因素而进行的结构承载力复核验算。排水管渠结构本体损伤主要包括结构施工缺陷造成的结构薄弱点、排水管渠内壁腐蚀造成的混凝土腐蚀和钢筋锈蚀等;由外部环境变化导致出现危及结构安全的因素主要包括地面堆载、道路荷载、邻近工程影响下侧壁水土压力的变化等。因此,结构承载力验算前必须进行现场情况调查。当检测数据存在疑问或不符合实际情况时,应对检测数据进行必要的复核,并结合其他的资料进行验证。

7.4.8 本条规定了排水管渠结构作用类型。排水管渠结构永久作用荷载、可变作用荷载及准永久值系数、荷载分项系数、荷载组合系数取值参考现行国家标准《给水排水工程管道结构设计规范》GB 50332 的相关规定。

7.4.9 本条规定了需要进行管渠结构抗浮稳定、环向稳定以及抗滑稳定性验算的情况。管渠结构的抗浮稳定、环向稳定、抗滑稳定性进行验算方法应符合现行国家标准《给水排水工程管道结构设计规范》GB 50332 的要求。

7.5 总体安全评估

7.5.1,7.5.2 规定了特大排水管渠总体安全评估及分级的准则。采用环境风险、结构表观缺陷和结构承载力3个分项的风险评估结果进行综合判定。如某项评估中,环境风险等级和结构表观缺陷风险等级均为Ⅲ级,承载力风险等级为Ⅱ级,故总体安全风险等级应评定为三级。

7.5.4 当总体安全风险等级对应的控制对策和环境风险评估、结构表观缺陷评估及结构承载力评估的分项评估结果对应的处置建议存在差异时,可按照其中最严格的措施来进行风险控制。

8 检测与评估报告

8.1 一般规定

8.1.1 本条规定了检测与评估总结成果报告的编制要求。当对特大排水管渠某一特定时段内的状态进行检测评估时,其成果报告可以是一份完整的检测与评估报告;当环境风险因素短期内预期随时间变化明显,需要结构安全监测时,可对初始状态进行检测,并持续跟踪监测,待状态稳定后进行复测与评估,成果报告对应分为初始检测报告、复测报告和评估报告。

8.2 成果报告编制

8.2.1~8.2.3 规定了检测报告与评估报告的必要内容及可进行简化的条件。本规程仅对结构检测评估报告的编制作出原则性要求,对检测与评估报告的格式不作强制性的规定,各检测评估单位,可根据本规程的原则及具体检测评估要求自行设计报告格式。

9 信息管理

9.0.1 本条规定了信息管理的一般原则。特大排水管渠结构信息管理应以现代信息技术为手段,对既有特大排水管渠结构安全保护信息进行计划、组织、指导和控制的管理活动。通过对结构安全信息的科学管理,可以有效掌握特大排水管渠结构安全状况,预警运行风险,动态控制及指导外部施工,避免事故的发生,使信息充分发挥作用。

9.0.2 信息管理系统的功能说明。

1 数据采集宜包含数据录入和上传,功能支持多种格式的文档数据上传,同时能满足自动化设备数据和高频数据集成要求。

2 数据管理宜具备数据入库、数据成图、数据检查、数据更新、数据查询、数据统计、数据编辑、数据导出、数据版本管理、元数据管理等功能。

3 数据可视化宜包含二维可视化和三维可视化,功能应包含展示、查询、浏览、属性查看、图层控制、场景切换、场景漫游及测量等功能,三维可视化场景中宜同时包含特大排水管渠、勘察地质、地上地下建构筑物等信息化模型。

4 数据交换宜提供特大排水管渠结构基本数据、管渠环境现状数据、管渠结构性能数据、变形监测数据和外部工程数据的分发和访问接口服务。

5 数据分析与应用宜包含特大排水管渠及附属设施空间分析、特大排水管渠监测报警分析、特大排水管渠风险管理报表分析、特大排水管渠安全风险评估功能。

9.0.4 本条规定管渠数据的展示形式。特大排水管渠三维数据宜采用 BIM 建模软件创建，包含特大排水管渠结构本体结构、止水结构、密封结构等对象元素，并携带尺寸、材质、运营参数等属性信息。如果没有特殊要求，钢筋模型无须建立。